科学发现之旅

未来的飞机

陈积芳——主编   钱平雷 等——著

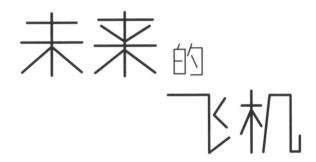

上海科学技术文献出版社

Shanghai Scientific and Technological Literature Press

图书在版编目（CIP）数据

未来的飞机 / 钱平雷等著 . —上海：上海科学技术文献
出版社，2018
（科学发现之旅）
ISBN 978-7-5439-7681-8

Ⅰ.① 未… Ⅱ.①钱… Ⅲ.①飞机—普及读物 Ⅳ.
① V271-49

中国版本图书馆 CIP 数据核字 (2018) 第 159535 号

选题策划：张　树
责任编辑：王　珺
助理编辑：尚玉清
封面设计：樱　桃

未来的飞机
WEILAI DE FEIJI
陈积芳　主编　钱平雷　等著
出版发行：上海科学技术文献出版社
地　　址：上海市长乐路 746 号
邮政编码：200040
经　　销：全国新华书店
印　　刷：常熟市文化印刷有限公司
开　　本：650×900　1/16
印　　张：13.75
字　　数：132 000
版　　次：2018 年 8 月第 1 版　2018 年 8 月第 1 次印刷
书　　号：ISBN 978-7-5439-7681-8
定　　价：32.00 元
http://www.sstlp.com

目 录

现代波斯飞毯

在世界名著《一千零一夜》中,有一则"波斯飞毯"的故事:王子买了一块波斯地毯,坐在这块神奇的飞毯上,腾空而起,越过河流、房屋,飞毯一直把跑得筋疲力尽的王子送回王宫。"波斯飞毯"的故事寄托了古人的幻想和愿望,科学技术的发展使得古人的幻想和愿望成为现实。造船科研人员研制成的气垫船能腾空飞行,它是现代的"波斯飞毯"。

气垫船是一种贴近水面或地面高速航行的交通工具。气垫船可以像车辆一样在陆上行驶,但不像车辆那样靠轮子与地面接触;气垫船可以像船舶一样在水面行驶,但不像船舶那样靠水的浮力来支撑;气垫船可以像飞机一样腾空而起,但不能直冲云霄。气垫船是介乎于车辆、船舶、飞机之间的特种交通工具。

气垫船为什么能腾空飞行呢？原来，气垫船上装有能产生升力的风扇，它能把空气打入船底，与运行表面之间形成一定厚度的空气垫子——气垫。正是这个气垫支撑了船体重量，使船体脱离水面，腾空飞行，气垫船这个名字也因为气垫的存在而得名。

气垫船是由英国工程师科克雷尔于1955年发明的，他在一位小船制造商的赞助下，制造了一艘气垫船模型。1956年冬天，科克雷尔的气垫船模型进行了公开表演。当气垫船模型从地板上腾空而起时，在场的人十分惊讶。后来，他在英国政府资助下，建造了世界上第一艘气垫船SRN-1，长9.15米，宽7.32米。1959年7月25日，SRN-1气垫船以每小时96千米速度，渡过了英吉利海峡，成为世界上第一艘载人航行的气垫船，宣告了气垫船的诞生。

▼ 深圳与香港航线上的侧壁气垫船

气垫船根据其原理分为两类：全垫升气垫船和侧壁气垫船。

全垫升气垫船是利用升力风扇产生压缩空气，通过气道，从船底四周的柔性喷口喷出。由于高速气流受到运行表面限制，便由上而下呈弧形地沿着运行表面向外逸出，从而在四周形成了气幕，维持气垫。由于气垫压力大于空气压力，气垫压力作用于船体，形成升力，使船体腾空。这种气垫船装有空气螺旋桨或喷气推进器，船体能全部离开水面，可以在水面、陆地运行，具有两栖性。

▲ 英国 SRN-4 气垫渡船

侧壁气垫船像一个倒置的盆，压缩空气进入倒盆，使那里的压力增加，产生向上升力，托起船体。这种气垫船两侧装有刚性侧壁，故得名侧壁气垫船。侧壁插入水中，首尾有柔性封闭装置封住气垫，使气垫中的气体不往外逸。侧壁气垫船利用水螺旋桨或喷水推进器推进，不能上岸，只能在水面航行。

气垫船的主要特点是速度快，这是由于船体离开水面，水阻力小。全垫升气垫船航速每小时八九十海里，快的可超过 100 海里；侧壁气垫船航速每小时四五十海里，快的可达七八十海里。第二个特点是具有较好的稳定性，又抗风浪，适合于海上航行。这是由于船底气垫能吸收一部分波浪的冲击力，减少波浪对船体的冲击，从而保障船体的安全和机器设备的正常运行。第三个特点是具有较好的适应性，可在江河、湖泊、海洋上航行。全垫升气垫船还具有两栖性，能上陆，可在沙漠、沼泽、冰雪地带航行，甚至还具有一定的越障、爬坡能力，这是一般车辆、船舶所不具有的。

由于气垫船具有上述特点，所以它能用于交通运输，可作为客船、渡船、交通船，尤其适合于高速客运，可为旅客节省宝贵时间。现代世界各地开辟了多条气垫船航线，在我国香港与广州之间就有气垫船班船在航行。

气垫船作为渡船可充分发挥甲板面积宽广的优点，可运载旅客、货物、车辆。世界上最大的气垫船是英国建造的 SRN-4 全垫升气垫船，它是一艘气垫船渡船，总重 190 吨，可载旅客 416 人，或装载汽车 55 辆，用在英吉利海峡摆渡。

气垫船在军事上也有广阔的应用前景，可作为鱼雷艇、炮艇、导弹艇、登陆艇，特别是全垫升气垫船适合于作登陆艇。侧壁气垫船可向大型化方向发展，可以发展成为登陆母舰、直升机母舰、航空母舰。

（施鹤群）

里海怪物

～～～～～～～～～～～～～～～～～～～～～～～～～～～～～～

　　这是发生在 20 世纪 70 年代的一件怪事：美国军用卫星在里海海面上发现一个不明飞行器，贴着海面飞行。它的外形像一架飞机，有着巨大的机翼；它又有船形身体，贴着海面飞驶。美国情报部门对军用卫星拍下的照片疑惑不解，不知这个飞行器为何物，故称它为里海怪物。

　　苏联解体后，俄罗斯为开拓国际市场，首次公开保密多年、被西方情报部门称为"里海怪物"的地效翼艇研制情况，并把它推向国际市场。

　　地效翼艇是一种高性能舰艇，它是利用艇体、机翼的地面效应提供的升力来支撑艇体，使它能贴着地面、海面高速地行驶。早在 1912 年就发现了地面效应，人们在进行机翼的风洞试验时，发现贴近洞壁飞行的机翼，其升力与阻力比值有所增加。原来，机翼贴近运行表面，机翼下面的气流被运行表面所阻塞，机翼下表面压力增高，机翼上下表面的压力差形成额外的升力，这就是所谓的地面效应。

1932 年 5 月，德国的"多克斯"号水上飞机在北海上空飞行，突然，几台发动机发生故障，飞机从高空落下，眼看要坠入大海。当水上飞机坠落到距海面 10 米时，不再下落，稳定地保持在这个高度。人们疑惑不解，后来才知道，是地面效应所提供的额外升力支撑了失事的水上飞机，使它转危为安，平安地飞越了北海。

芬兰发明家卡里欧受"多克斯"号水上飞机北海遇险的启发，于 1935 年 1 月制造了世界上第一艘利用地面效应行驶的小艇，当时称之为冲翼艇。这是一艘长 2.6 米、宽 1.9 米的带翼小艇，利用汽车牵引着，在附近水面滑行。后来，卡里欧对这艘带翼的小艇进行了改进，加大了机翼，艇上装了一台发动机，成功地实现了地效翼艇的载人飞行。

▼ "天鹅"号地效翼艇

地效翼艇是依靠艇底和机翼下面气流的阻塞来获得向上升力的。产生向上升力的机翼，称为地效翼，在地效翼的两端，装有端板。有的地效翼艇的端板应用浮舟来代替。这样，地效翼艇在停泊时，由艇体及其浮舟提供静浮力；起飞时，利用水动力与地效翼产生的升力来支撑艇体，使其在水面上飞行。

地效翼艇种类很多，根据其气动力分布可分为飞翼式和飞机式两类。飞翼式地效翼艇艇体的外形呈机翼的形状，支撑艇体的升力依靠艇体提供；飞机式地效翼艇的艇体两侧装有机翼，即地效翼，支撑艇体的升力依靠地效翼提供。

地效翼艇的起飞方式有三种：一是水动力起飞，利用艇体和浮舟在水面滑行，产生水动力来起飞；二是气垫起飞，利用艇上飞升系统产生的气流，由喷口喷向艇底，在艇体与水面或地面之间形成气垫，来支撑艇体；三是混合式起飞，将水动力起飞与气垫起飞形式结合，有滑行艇体加气垫，也有水翼艇体加气垫。

地效翼艇的主要优点是速度快，由于地效翼艇体全部离开水面在空气中驶行，水阻力小，速度可达每小时两三百海里。同时，由于地效翼艇贴着水面几米至几十米高度飞行，这个高度是雷达的盲区，在军事上有特殊的使用价值。此外，地效翼艇使用范围广，可在水面、陆地、沙漠、沼泽、冰雪地起飞和降落，不需要建造专门的机场。

由于地效翼艇具有上述优点，它在交通运输部门可作为高速客船、渡船、交通船，在军事部门可以作为导弹艇、巡逻艇、登陆艇、猎潜艇等。苏联从 20 世纪 60 年代就开始研制地效翼艇，先后研制了多种海上试验艇。

▲"小鹰"级地效翼
艇

到20世纪70年代，苏联研制成功两种军事用途的地效翼艇："雌鹰"级地效翼导弹艇和"小鹰"级地效翼登陆艇。它们在里海海面上试航时被西方侦察卫星发现，被称为"里海怪物"。

"雌鹰"级地效翼导弹艇，艇长73.8米，翼展44米，起飞重量400吨。艇体呈船舶状，外形却像飞机。艇上装有8台涡扇发动机，最大速度每小时550千米，掠海飞行高度1～3米，最大爬升高度可达300米。艇上装有3座双联装导弹发射装置，用于对敌方舰艇进行海上导弹攻击。

"小鹰"级地效翼登陆艇，艇长58.1米，翼展31.5米，起飞重量140吨。它的外形更像飞机，艇上装有2台用于起飞的涡扇发动机，1台用于巡航的涡轮发动机，最大速度为每小时350千米，掠海飞行高度1～2米。艇上可以装载250名登陆士兵，用于登陆作战。

（施鹤群）

长翅膀的飞舟

～～～～～～～～～～～～～～～～～～～～～～～～

船舶在提高速度的竞争中落后了!

船舶为什么跑不快呢?

原来,船舶在水中运动,受到的水的阻力要比空气的阻力来得大。科学实验告诉我们:物体运动所受的阻力与周围物质的密度成正比。水的密度大约为空气密度的八百倍。这样,物体在水中运动时的阻力大约为空气阻力的八百倍。

船舶在水中运动之所以跑不快,就在于水的阻力。当船舶跑快了,水阻力也随之急剧增加。水阻力阻碍了船舶速度的提高。

水是怎样阻碍船舶速度的提高呢?

船舶在水中航行产生的水阻力分为三部分:一是摩擦阻力,它是由船体表面与水流摩擦而产生,船体表面

▲ 水翼的三种类型

积大，摩擦阻力也大；二是兴波阻力，船在水中航行兴起波浪形成的水阻力；三是涡流阻力，船航行时船尾引起涡流形成的阻力，它与船舶的形状有关，故又叫形状阻力。

要提高船舶速度有两条途径，一是增加动力，二是减少水阻力。增加动力会增加机器和燃料的重量，船舶的尺度、排水量也会因之增加，水阻力也会相应增加。这样，提高船舶速度困难较大。减少水阻力较简单的办法就是减小船体的尺度、减轻船体的重量及改进船体的线型，但是水阻力降低幅度不大。

要大幅度降低水阻力，大幅度提高船速，最有效的办法是让船体离开水面，彻底摆脱水阻力。水翼船就是使船体全部离开水面，在水面上飞行的高速船舶。

水翼船为什么会使船体离开水面，能在水面上高速航行呢？

原来，水翼船长有翅膀——水翼。水翼装在船体底部，用来产生水动力，支撑船体重量。水翼的横断面像

机翼，但又不同于机翼。水翼横断面通常采用圆背形、弓形，其两端较尖。

水翼产生升力的道理跟机翼一样，机翼的升力是空气动力，水翼的升力是水动力。当船舶的速度增加时，水翼的升力也增加，正是水翼产生的升力将船体抬出水面，使水翼船高速航行。

根据结构、形状的不同，水翼可分为三种类型：一是割划式水翼，其形状呈梯形、弓形、V形，装在船底，航行时一部分水翼露出水面，把水割划开，故称割划式水翼；二是浅浸式水翼，水翼全部浸没在水中，深度较浅，适合于江河、近海中应用；三是深浸式自控水翼，浸没在深水中，能自动操纵。

水翼按照其布置位置分为首水翼和尾水翼。一般水翼船装有两个水翼，一个在首部，另一个在尾部，首水翼要比尾水翼大。水翼由高强度金属材料制造，用支架与船体相连。

水翼船船体用强度高、重量轻的材料制造，有高强度钢、铝合金、玻璃钢等。在水翼船机舱内，装有功率大、重量轻、尺度小的发动机，用水螺旋桨或喷水推进器推进。

由于水翼船船体全部离开水面，船体水阻力消失了，只有水翼水阻力，因而，水翼船速度快，每小时可达五六十海里，成为水上飞舟。水翼船航行时，吃水浅，回转性好，在波浪中失速也小。

水翼船作为一种高速船舶，广泛地应用于军事和交通运输部门。在军事上，可作为炮艇、鱼雷艇、导弹艇；在交通运输上，可以用做高速客船、渡船。还在 20 世纪 60 年代，我国就开始研制水翼客船。1994 年 9 月，我国自行研制的"北星"号水翼客船交付使用，它可载客 290 人，航速 45 节。如今，在港澳地区海面上，经常可以看到它的身影。

（施鹤群）

捕鱼捞虾

捕鱼捞虾是人类自古就有的生产活动。生活在水乡和海边的人们，通过捕鱼捞虾来改善生活，改变处境。船舶家族中用于捕鱼捞虾的船舶便是渔船。现代人们餐桌上的鱼、虾，大都是从渔场捕捞，尤其是海鱼、海虾都是由海洋渔船捕捞。每年，人们从世界各地海洋中捕获的海鱼就有数千万吨。

捕捞鱼类是人类开发海洋资源的最原始的生产活动，但至今仍是人类与海洋交往的重头戏。船舶家族中进行鱼类捕捞、加工、运输的船舶统称为渔业船舶，简称渔船。当然，现代渔船与古代渔民捕鱼的小船不能混为一谈。

根据捕捞方式不同，渔船可分为拖网渔船、围网渔船、漂网渔船、混合式渔船、钓渔船等。

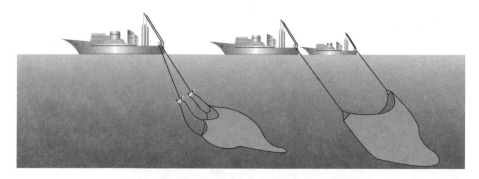

▲ 单拖和双拖捕鱼
▼ 灯光捕鱼

　　拖网渔船是用拖网捕鱼法来捕捞鱼类的船舶。所谓拖网捕鱼法，是通过拖曳袋形网具来捕捞鱼类。拖网捕鱼法有多种：两船合拖一网的叫"双拖"；一船单拖一网的叫"单拖"；由舷边进行捕捞的叫"舷拖"；由船尾进行捕捞的叫"艉拖"。拖网渔船上的拖网，是利用甲板上的绞车来进行收绞的。拖网渔船捕捞到的鱼，储藏在船上的冷库中。拖网捕鱼是捕鱼效果好、适用范围广的一种捕鱼方法。所以，拖网渔船是渔船中数量最多的一种。

　　围网渔船是利用围网捕鱼法来捕捞鱼类的船舶。所谓围网捕鱼法，是通过长带形渔网包围鱼群，然后收紧网具底索，捕捞鱼类。围网渔船大都是木船，平底方尾，航速较快、机动灵活，横向稳定性好。围网渔船作业时有双船围网、单船围网两种。由于围网作业操作繁重，现代围网渔船出现了机动化作业，并配备性能优良的探鱼设备。

漂网渔船是利用悬挂在水中的长带形网具来拦截鱼群的。当鱼群触网时，鱼鳃被带形网的网目夹住，鱼儿就跑不掉了。所以，这种漂网渔船又叫刺网渔船，通常是一种小型钓鱼船，应用在浅水海域。

混合式渔船是利用多种捕鱼方法来进行捕捞作业，如用尾拖、围网，不同情况应用不同捕捞方法。

钓鱼船是专门用来钓鱼的船舶，鱼钩上装有活的鱼饵或其他诱饵。鱼钩系在绳上，撒在水中，等鱼上钩。钓鱼船可以在海洋里钓鱼，也可在江河、湖泊中钓鱼。

海洋中许多鱼类有趋光（向有光线的方向游去）的特性，可以利用灯光来诱捕，专门用灯光捕捞鱼类的渔船是灯光诱围渔船。它的首部、舷侧及船底水中部位安装一定数量的电灯。电灯的亮度大，深度可调节。当电灯全部开启时，在茫茫大海中会出现一片光彩夺目的景象。具有趋光特性的鱼群，向灯光区域游来。此时，灯光诱围渔船迅速布下

▼ 捕蟹船和鲸工船

渔网，在鱼群周围筑起一道几千米长、一二百米深的水下篱笆。然后，收拢渔网，再用小抄网、三角网把鱼捞到运输船上。

海洋上还有一些专门用来捕鲸、捕蟹的渔业船舶，如捕鲸船、鲸工船和捕蟹船。

捕鲸船是专门用来猎捕鲸的渔船。船上装有鲸炮，能发射带有绳索的鱼叉，一旦发现在海洋中游动的鲸就开炮射击。鱼叉命中鲸，用绳索收起鱼叉，鲸就被拖上捕鲸船。

鲸工船的功能是将捕鲸船捕捉到的鲸进行加工，制成鱼油、鱼粉、鱼肝油。因此，鲸工船实际上是鲸的加工场。在鲸工船的船尾有一条把鲸拖上船的滑道。船上设有起重机，用起重机将鲸拖上船后进行剖杀。由于鲸工船还有负责给捕鲸船补给的功能，故又叫捕鲸母船。

捕蟹船是专门用来捕捉海蟹的渔业船舶。捕蟹船上有许多小艇，它们散布于海面，捕捉海蟹。捕蟹船还可将海蟹进行加工，制成罐头。

此外，渔业船舶中还有专门捕捉海洋动物的捕海兽船，将鱼加工成罐头的鱼类加工船，用于组织渔业生产、调查渔业资源的渔业指导船。

正是这些形形色色的渔业船舶，为现代人们提供了多种多样的海鲜和丰富的动物蛋白，极大地丰富了现代人们的物质生活。

（施鹤群）

开发海洋的尖兵

〜〜〜〜〜〜〜〜〜〜〜〜〜〜〜〜〜〜〜〜

　　海洋调查船就是专门用来对海洋进行科学调查和考察活动的海洋工程船舶，它是开发海洋的尖兵。最早的海洋调查船由普通海洋船舶改制而成，船上装有用于海洋调查和考察的仪器、设备。后来，出现了专门建造的海洋调查船。

　　海洋调查船种类很多，划分种类的方法有多种。如果按照海洋调查的任务和用途来分，有海洋水文调查船、海洋地质调查船、海洋气象调查船、海洋渔业调查船、海洋水声调查船以及执行多种任务的海洋综合调查船。

　　按照海洋调查的海域不同，海洋调查船可分为水面和水下两大类。水面海洋调查船根据工作海域，分为沿海、近海、远洋三种；水下海洋调查船根据下潜深度，分为浅海、中深海、深海以及海底实验室四种。

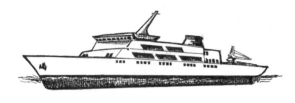

▲ 海洋调查船种类

按照船舶的尺度和排水量来分，有大型、中型、小型三种型号。大型海洋调查船排水量从几千吨到几万吨不等，用于远洋调查活动；中型海洋调查船排水量一千吨到五六千吨，用于较远海域调查活动；小型海洋调查船排水量从几十吨到几百吨，用于近海调查。一般来说，大、中型海洋调查船多半从事综合性海洋调查、考察；小型海洋调查船则担负着地质、气象、水文、物理、化学、生物等专业调查和考察。

按照船舶的船型和船体结构来分，海洋调查船分为单体式、双体式、半潜式三种。

由于海洋调查船长年在海上活动，因此，它们构造坚固，并具有较好的适航性、稳定性，能在大风大浪中安全航行。海洋调查船还具有良好的操纵性，不仅在一般航速下操纵灵活，就是在低速时也能操纵自如，以便能在各种速度下进行生物、物理、化学、地质等多学科海洋调查活动。

由于海洋调查船要在恶劣的气象条件下进行海洋调

查活动，需要配备性能优良的动力装置。船上除了配备一般的船用动力装置外，还配备有发电机，发出的电力可用于推进和电气设备工作。为了适应低速航行需要，有的海洋调查船上装备有小功率辅助动力装置，用来带动尾部的辅助推进器和侧向推进器。有的海洋调查船上还装有喷水推进器和主动舵，使海洋调查船操纵更灵活。

大多数海洋调查船有宽广的甲板面积，可以布置各种工作舱室，甲板上还配备有吊杆、绞车，有的还配备起重机，用于吊放仪器、设备及深潜器。在一些大型海洋调查船的甲板上设置有直升机起降平台，可供考察直升机起降。

大中型海洋调查船多半是海洋综合调查船，它像一座浮动的海上科学研究所，可以进行多学科、大面积的海洋调查活动。船上设置有各种工作舱室，装备多种多样的海洋调查仪器、设备，能进行海洋地质、生物、水文、气象等各种调查与考察活动。

"向阳红10"号是我国自行设计、建造的一艘大型海洋综合调查船，船长156.2米，船宽20.6米，排水量13 000吨。它的首部有一个水滴形"球鼻"。船高44米，有10层甲板，在甲板上布置有起重机，可吊放深潜器，在后甲板上布置有直升机起降平台，可起降考察直升机。在该艘海洋调查船上装备有先进的海洋调查设备，还装备有完善的导航、通信设备，能远涉重洋，到世界各地的海洋中进行海洋调查和科学考察活动。

1984年11月，"向阳红10"号首航南太平洋，到达南极别林斯高晋海域，经受了极地强烈的气旋、风暴的考验，安全到达乔治岛，把我国考察队员送上南极洲，建立了南极长城站，开创了南极考察新天地。

（施鹤群）

海底救援先锋

〜〜〜〜〜〜〜〜〜〜〜〜〜〜〜〜〜〜〜〜〜

    2000 年 8 月 12 日夜，俄罗斯核潜艇"库尔斯克"号在巴伦支海参加北方舰队演习时发生了事故，沉没在 120 米深的公海海底。俄罗斯海军立刻展开了水下援救工作，24 艘俄罗斯援救舰艇驶到出事海域，曾先后 4 次利用救生钟与失事潜艇对接，由于气象状况恶劣，救援未能取得成功。

    8 月 16 日，俄罗斯海军向英国、挪威求援。英国海军用运输机把 LR5 深潜救生艇运到"诺曼底"号救援船上，于 8 月 19 日赶到了事故现场。8 月 20 日，英国、挪威潜水员开始救援行动。由于核潜艇逃生舱口出现一条非常严重的裂缝，使得深潜救生艇无法与失事核潜艇逃生舱口对接。后来，由挪威潜水员打开了核潜艇尾部逃生舱口，发现舱内灌满海水，这就表明"库尔斯克"号核潜艇上 118 名官兵，无一有生还可能。为此，营救失事核潜艇的救援活动宣告结束。

虽然，英国的 LR5 深潜救生艇无功而返，但是它向人们展示了深潜救生艇水下救援活动的全过程，引起人们对水下救援活动的关注，从而促进了深潜救生艇的发展。

自从 1964 年 4 月，美国攻击型核潜艇"长尾鲨"号核潜艇失事沉没后，世界各国的舰船科研人员开始了深潜救生艇的研制。其后，研制了各种各样的深潜救生艇。

潜艇在深海的海域出了事故，由于深海中水压力大，传统的水下救援方法不能奏效。一般说来，失事潜艇实行自主逃生的最大深度为 200 米。如果水深超过了 200 米，是无法进行水下自主逃生的。深潜救生艇便是用于救援在深海失事潜艇艇员的一种水下救援装置。

▼ 英国 LR5 深潜艇

现代世界上有许多国家研制了各自的深潜救生艇，如美国的 DRSV、英国的 LR5、瑞典的 URF、意大利的 HSM，此外，日本、俄罗斯及我国也研制有各自的深潜救生艇。尽管它们的性能各不相同，但是其构造和原理大致相同。

深潜救生艇的艇体由耐压壳体与非耐压壳体两部分组成。耐压壳体多半为球形结构，由几个球形舱组成，分别为操纵室、救生舱、机械舱等，各个舱之间开有舱口，可以互相连通。在球形舱上部开有舱口，供人员出入；下部也开有舱口，则为救生通道。球形舱

▲ 北约潜艇救援系统

用高强度钢或钛合金制造而成，能够承受巨大的深水压力。在耐压壳体的外面是非耐压壳体，它是用较薄钢板或玻璃钢所制成的，不能承受深水压力。

在深潜救生艇的耐压壳体与非耐压壳体之间，设置有用于调整浮力和重心的水舱。在深潜救生艇首部设置有声呐、电视摄像机、导航设备等，这些装置与设备通过电缆连接到耐压壳体中的操纵室，进行集中控制。在深潜救生艇尾部置有推进装置，它利用高容量电池作为动力源。为了灵活操纵，深潜救生艇上还装有侧向推进器。所谓侧向推进器，就是把推进器装在船艇的舷侧部位，便于操纵。

深潜救生艇又是怎样援救失事潜艇的呢？

当得知潜艇失事消息后，用运输机或水面援救舰艇把深潜救生艇迅速运到潜艇失事现场。要是潜艇是在冰

层以下失事，深潜救生艇则可置放在救援潜艇的背部，由救援潜艇将深潜救生艇运送到潜艇失事海域。深潜救生艇被运到潜艇失事地点后，利用本身动力来航行，并利用艇上的观察仪器寻找目标。找到目标后，深潜救生艇潜至失事潜艇的上方，将底部舱口对准失事潜艇上的救生舱口，然后用钟形连接器相连接。调节好深潜救生艇救生舱与失事潜艇救生舱的压力，使之平衡，此时，就能打开深潜救生艇救生舱，失事潜艇上的艇员可以安全进入深潜救生艇，达到救援目的。

目前，深潜救生艇体积小，重量轻，如参加援救"库尔斯克"号核潜艇的英国 LR5 深潜救生艇，长 9.8 米，高 3.8 米，重 21 吨，水下航速 2 节，一次可救援 9 名艇员，最大救援深度 550 米。美国的 DRSV 深潜救生艇，长 15.2 米，直径 2.5 米，重 35 吨，一次可救援 24 名艇员。

深潜救生艇的主要优点是能在深海里活动，不易被敌方发现，也难以对它进行攻击。所以，有人设想：在深潜救生艇基础上，发展高速攻击型深潜潜艇，或者用它作为深海运输潜艇，运送登陆士兵和装备。深潜救生艇在民用方面，可用于海底交通、深海打捞、深海考察及勘探，应用前景将十分广阔。

（施鹤群）

海底龙宫探宝

～～～～～～～～～～～～～～～～～～

　　自古以来，人们就想去海底旅行，还幻想海底有传说中的龙宫，想亲身到海底龙宫去探宝、取宝。

　　早期，人们采用最简易的潜水方法——裸潜法，潜水人裸露着身体潜入海底。在古希腊时代，希腊舰队中有专门的潜水兵，在进攻敌人前，先派潜水兵去破坏敌人港口的防御木栅，或者割断敌人舰船的锚链。希腊潜水兵用的就是裸潜法。我国古代也早就采用裸潜法，一千多年前，我国沿海地区渔民用裸潜法潜入海底，进行水下捕捞和采集珠蚌。

　　早期潜水人的潜水深度有限，因为潜水人屏气时间有限，不能长时间在水下活动。后来，人们看到大象从水下举起象鼻，在空气中呼吸，受到启示，发明了呼吸管潜水法。最早的呼吸管用芦苇制作而成，潜水人将其一端衔在嘴里，让另一端露出水面，潜水人便可在水下吸到空气。这样，就延长了潜水时间。我国在明代出现了锡制呼吸管，采珠人采用锡制呼吸管吸到空气，延长了水下采珠的时间。

虽然呼吸管潜水法可延长潜水时间，但是，潜水的深度还是受到了限制。因为人在水下受到水压的作用，胸部受压，呼吸困难。于是，出现了用皮革制成的潜水气囊，可以储存空气。潜水员下水时佩带潜水气囊，在水下呼吸潜水气囊中的空气，以增加下潜深度。

为了进一步延长潜水时间、增加下潜深度，出现了轻装潜水法：潜水员背着气瓶，利用气瓶中的压缩空气来进行呼吸。潜水员呼出的废气直接排入水中，或者，将废气通入净化罐，吸收二氧化碳，再生氧气，供潜水员呼吸。利用轻装潜水法可进行水下采珠、水下捕捞及

古代采珠人 ▶

打捞海底沉物等水下作业。

在轻装潜水法基础上，又创造了重装潜水法：潜水衣连着头盔，采用水面供气方法，将空气通过气管源源不断地送入水下，潜水员呼出的废气可通过头盔上的排气孔排除出去。利用重装潜水法可进行水下焊接、水下爆破及水下工程作业。虽然，重装潜水法不如轻装潜水法那样灵活自如，但是，其水中稳定性好，受海流等外界条件影响小。所以，重装潜水法是水下工程作业中主要的潜水方法。

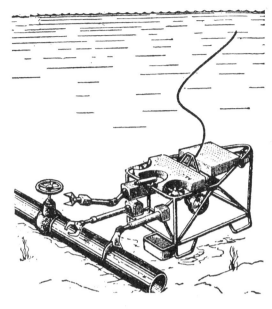

▲ 潜水机器人在水下作业

根据海上交通和海洋工程发展的需要，要求的潜水深度不断增加。无论是简易潜水法、轻装潜水法、重装潜水法，其潜水深度都有限。这是因为供人呼吸的空气中含有氮气，它会和氧气一起被吸入人体。低压时，氮气对人的神经系统没多大影响；高压时，氮气会抑制神经系统活动，产生"氮麻醉"。一般潜水限制在六七十米深度范围内，再往下就成为潜水禁区。

为突破深潜障碍，出现了氦—氧混合气体潜水法。由于氦气在高压时不会发生麻醉作用，所以把潜水员呼吸用的空气用氦代替氮。潜水员呼吸氦—氧混合气体可以突破深潜障碍，闯入潜水禁区。在长期潜水实践中，人们发现在一定压力下，中性气体在人体内溶解量随停留时间增加而增加，要是在水下停留足够时间，中性气体在人体组织中的溶解达到饱和，只要压力不变，即使延长水下停留时间，中性气体在人体组织中溶解量也不会再增加。这样又出现了饱和潜水法，潜水深度可达到350米。

潜水方法与技术还会不断发展。但是，从安全性、经济性及实用性来看，最理想的还是创造潜水机器人，由它来代替潜水员进行潜水作业。

潜水机器人是现代高科技的产物，它通常由机身、传感器、信息处理器及传动装置等部件来组成。利用现代机器人技术、电子计算机技术、液压技术及智能技术，可以制造多种功能、多种用途的潜水机器人，它们既可以是具有专长的"技术能手"，也可以是技术上的"多面手"，还可以是力大无比的海底"大力士"。

不同功能、不同用途的潜水机器人都可以装备于潜水母船上，利用潜水母船发出的控制信号，到达潜水员无法到达的深水区或危险水域，进行水下作业，执行海底救生、救援，水下施工作业，海底勘探、考察，成为真正的"海底龙宫探宝者"。

（施鹤群）

航道安全员

船舶在江河、湖海里是不能随意航行的，要有专门的航道。除了寻求起点与终点之间最短的距离，即航程最短，还有水深要适合船舶航行，要避开风浪和礁石。虽然，水上航行不像铁路有轨道、公路有非常精确的走向，但相对固定的航线还是必不可少的。水上航线经过的地方就是航道。为了确保航道畅通和安全，或者为了开辟新航道，需要有专门的航道工程船舶。

航道工程船舶中最常见的是挖泥船，用于挖掘航道中的淤泥，使航道有足够的水深，保持航道畅通，保障航行安全。挖泥船也可用来开挖运河，进行水利建设，还可用来水下采矿。

挖泥船种类很多，按照其工作原理可分为两类，一类用泥斗挖泥；另一类用泥泵吸泥。

利用泥斗挖泥的挖泥船按照泥斗构造的不同又可分三种：第一种是抓斗式挖泥船，抓斗在重力作用下，插入泥底，挖起航道中的淤泥；第二种是铲斗式挖泥船，船上装有一个长柄铲斗，用铲斗铲出航道底部的泥沙、黏土和石块；第三种是链斗式挖泥船，在转动的梯架上，装着许多泥斗，随着梯架的连续转动，挖出淤泥。

用泥泵吸泥的挖泥船是吸扬式挖泥船，利用船上的离心泵和吸泥管连泥带水，一起吸上，通过排泥管将淤泥运送到岸上。吸扬式挖泥船也有多种，在吸泥口处装有铰刀的，是铰吸式挖泥船，它用铰刀将泥块切碎，与水混成泥浆而排出；在吸泥口处没有装铰刀的，是静吸式挖泥船，用于吸取沙和无黏性的泥土；在吸泥口处装有耙头的，是耙吸式挖泥船，耙头能随着船体向前移动，将航道底部的泥底耙松，连泥带水一起吸到泥舱内，待泥舱装满后，开到指定深水区，打开泥门，排出泥浆。

许多挖泥船本身不能装运泥沙，需要有装泥的驳船，即泥驳配合，挖泥船从航道中挖出的泥沙被放置在泥驳上，由拖船拖到指定水域倾倒。泥驳上没有动力，需要拖船拖带。泥驳上设置有泥舱，做成斗形，便于淤泥下

▲ 链斗式挖泥船

滑。泥驳的泥舱里装有一套开关泥门的装置。泥门装在船底的泥驳叫开底泥驳，卸泥时，打开船底泥门；泥门装在船舷侧的泥驳叫开边泥驳，卸泥时，打开舷侧泥门。

　　航道工程船舶中有一种专门给船舶指示航道的灯标船，又叫灯船。灯船不能航行，锚泊在航道上。灯船上装有灯台，配有小型动力，使灯台上的闪光灯能维持工作，能定时闪烁光芒。在一些大型灯船上，还设置有无线电装置和雾号设备，为船舶导航，保障船舶航行的安全。

　　在航道上布设航标的是航标船，它除了布设航标外，还对布设于航道上的各种航标进行维修。航标船上放置有各种航标及沉锤、锚链，甲板上布置有吊放航标用的起重机、绞盘，用来布设航标，并把损坏的航标吊上甲板，以进行更换或维修。

在一些航道险要、水流湍急的江河中，为了保障船舶航行安全，会在险滩上游停靠着绞滩船，船上装有大功率绞车，可帮助功率较小的船舶安全过滩。

在北方地区，冬天气候寒冷，航道会冻结。为了在冰区中开辟航道，出现了破冰船，用于引导船舶通过冰区。破冰船构造坚固，主机功率大，船首倾斜，在船舱内设置有专门用于破冰的水舱。破冰船破冰时，利用船上专用的水舱使船首翘起，然后开足马力，向冰层开去。当破冰船倾斜的船首爬上冰面，再向船首水舱灌水，利用船体重量将冰层压碎，在冰区中开辟航道。

（施鹤群）

万里海疆一线牵——布缆船

～～～～～～～～～～～～～～～～～～～～～～～～～～

　　海底电缆的敷设，使我们能与远在美洲、澳洲的亲友通电话，互相间的声音就像市内电话一样清晰。1973年5月4日，中国与日本签订了关于建设中日海底电缆的协议书。建设海底电缆是为了进行有线通信。有线通信具有容量大、距离远、安全可靠、抗干扰能力强等特点。没有陆路相通的国家、地区之间，需要在海底敷设通信电缆。

　　海底电缆由谁来敷设呢？

　　敷设海底电缆要有专用船舶，布缆船便是敷设海底电缆的专用船舶。为了落实中日签订的关于建设中日海底电缆的协议书，我国专门设计、建造了"邮电一号"布缆船。该船投入运行后，于1976年5月顺利地完成了我方负责的海底电缆敷设任务。

在布缆船上，需要装载各种不同规格的电缆，船上要有容积很大的电缆舱，并要有宽大的甲板。为了适应海上布缆的需要，布缆船要具有很好的稳定性和操纵性，以便能正确测定船位，进行布缆作业。

布缆船的长度一般为六七十米，排水量一千吨左右；大的布缆船长一百多米，排水量4～5千吨。我国自行设计、建造的"邮电一号"布缆船，长71.4米，宽10.5米，排水量1 300吨，航速14节，船上能装载电缆400吨。

布缆船的外廓线形特殊，拿"邮电一号"布缆船来说，它的横断面呈"V"形，有利于保持良好的稳定性，并能提高推进效率。它的首部水线以上部位向外飘，这样，可以减少首部甲板上的溅沫和碎浪，还可以扩大甲板面积。为了铺设、修理电缆的需要，将布缆船的船头造得很高，上面装有导缆滑轮。布缆船的尾部均采用方形船尾，以增加尾部甲板面积，便于布缆作业。

布缆船上的大部分甲板面积被布缆设备所占用，布缆设备主要有以下几种：

布缆机是专用的布缆机械，有履带式布缆机、滚筒式布缆机、滑轮式布缆机。

履带式布缆机又称直线式布缆机，它利用液压马达，经过减速齿轮，同步带动布缆机上下的两条链带，来夹住电缆。"邮电一号"布缆船上装有履带式布缆机，可用于布设直径27～100毫米的各种规格电缆，电缆是沿着置于船尾的滑槽被送入海底的。

▲"邮电一号"布缆船

▼ 埋设犁和埋设犁拖曳作业

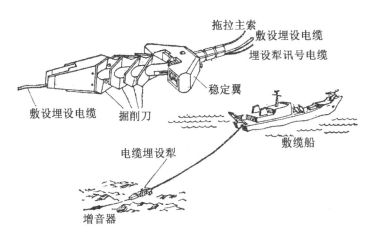

拖拉主索
敷设埋设电缆
埋设犁讯号电缆
稳定翼
敷设埋设电缆
掘削刀
敷缆船
电缆埋设犁
增音器

滚筒式布缆机是由电动机通过减速齿轮箱，转动滚轮来布缆。"邮电一号"布缆船的首部装有一台滚筒式布缆机，它有一只大鼓轮，其直径相当于船首滑轮，故又称鼓轮式布缆机。当海底电缆发生故障时，从船首滑轮抛下捞缆锚，抓住发生故障的电缆，再由鼓轮式布缆机把海底电缆牵拉上船。为了在捞缆时不拉断电缆，滚筒式布缆机上还安装有专门的控制系统。

埋设犁也是布缆船的一种主要布缆设备，它是一把对称的呈一定角度的多刀犁，用于浅海海底开沟。它能在海底拖曳，犁出深 0.7～1 米的沟道，用来埋设电缆。与埋设犁同时使用的还有导缆笼，用来避免信号电缆与设缆钢索纠缠在一起。

在布缆船上还装备有拉缆机、电动滑车、拖曳用绞车、滑道滑轮、浮标、抓缆锚及各种测量仪器，它们都是布缆船进行布缆作业时必不可少的设备。

为了使布缆船在布缆作业时操纵灵活，船上装有可变距螺旋桨，可通过调整螺距，来满足布缆作业的不同需要。在有的布缆船上采用电力推进装置和主动舵，以获得良好的操纵性能。还有在布缆船上加装侧向推进装置，使得布缆船在低速航行时不会发生偏航。

（施鹤群）

导弹、卫星的海上守望者

～～～～～～～～～～～～～～～～～～～～～

　　我国的宇航科技水平已经进入世界先进行列，航天英雄杨利伟从太空胜利返回，标志着我国的宇航事业进入一个新的阶段。这里有海洋测量船的一份功劳。

　　自从 20 世纪 50 年代中期起，美国、苏联先后发射远程导弹、人造卫星和宇宙飞船。最先，美、苏两国兴建一些陆地试验场和地面跟踪器，对导弹、卫星、飞船进行陆上测量。但是，陆地试验场受到周围地形条件限制，作用距离有限，无法满足导弹试验、宇航试验的要求。于是出现了测量船，用于导弹打靶、卫星发射试验，成为导弹、卫星的海上守望者。

　　测量船出现于 20 世纪 50 年代末、60 年代初。早期出现的测量船主要用于导弹打靶试验，又叫靶场测量船。早期的测量船多半是由货船、油船等运输船舶改装而成，仅用于导弹打靶试验，如美国的"跟踪"号、"朗维龙"号，就是由运输船改装而成。

20世纪60年代后，美国、苏联等国建造了专门用于导弹、卫星试验的测量船，如美国的"红石"号、"先锋"号和"水星"号，苏联的"加加林"号、法国的"亨利·邦加勒"号，均是为此专门建造的现代化测量船。其中，苏联的"加加林"号排水量53 000吨，是当代世界上最大的测量船。

测量船根据执行任务的不同分为导弹测量船和航天测量船。导弹测量船用于导弹试验，早期出现的测量船就是导弹测量船。航天测量船又称宇航测量船，用于卫星和宇宙飞船的测量。

测量船根据其使命和所装备的测量设备不同，分为主测量船和副测量船两种，前者担任主测量任务，后者担任次要测量任务。

航天测量船执行的是航天测量任务，必须有较高的定位精度，故装备有完善的导航设备。除了一般海船装备的光学导航设备、惯性导航设备、无线电导航设备外，还装备有卫星导航设备、声呐信标导航设备，从而可以精确测量船位，保证航天测量精度。

测量船上的遥测系统使用的是性能优良的雷达系统，它由发射机、接收机、巨型抛物面天线和测距装置组成，它的工作距离可达几千到几万海里，能连续跟踪飞行中的导弹、卫星、飞船。遥测系统中的巨型抛物面天线用来接收空间飞行的导弹、卫星、飞船发出的数据信号，

▲ "远望 3 号"测量船

遥测系统能及时记录接收到的遥测数据，并转发给地面指挥中心。

　　测量船上的通信系统分为两部分，一部分是用于测量船上各部门之间的通信联络和数据传输；另一部分是用于测量船和地面控制中心及导弹、卫星、飞船之间的通信和数据传输。测量船与外部的通信联络使用高频无线电通信，传递地面指挥中心发给测量船、导弹、卫星、飞船的指令。现代测量船上装备有卫星通信终端设备，使地面指挥中心与测量船、导弹、卫星、飞船之间的通信联络更为畅通。

　　测量船上的数据处理系统负责测量数据的综合处理，它利用计算机根据地面指挥中心发来的导弹弹道或卫星、飞船的飞行轨道数据，计算出跟踪数据，再根据测量船遥测系统测得的遥测数据，对空中飞行的导弹、卫星、飞船直接进行控制。

我国在 20 世纪 70 年代设计、建造了"远望"号测量船。它是一艘现代化航天测量船，船长 190 米，宽 22.6 米，高 38.6 米，排水量 2.1 万吨。该型测量船上装备有性能先进的导航设备和遥测、通信、数据处理系统。

我国共建造了四艘"远望"号测量船，它们先后参加了我国洲际导弹全程飞行试验和多次航天试验活动。在"神舟"号飞船空间试验活动中，四艘"远望"号航天测量船同时守望在太平洋、大西洋、印度洋海面上，完满地完成了"神舟"号飞船的空间测量任务。

（施鹤群）

海底沉船取宝

~~~~~~~~~~~~~~~~~~~~~~~~~~~~~~~

　　海洋打捞船就是专门从事海底打捞作业的海洋工程船舶，它是水下打捞工程的指挥中心，主要从事海底沉船、沉物的打捞，也可用来救援失事潜艇、沉船。

　　海洋打捞船大小不等，小的几百吨，大的几千吨、几万吨，长度从几十米到一百多米，打捞深度从几十米到几百米、几千米不等。1971年，美国为打捞苏联失事潜艇G级导弹潜艇，以获取导弹潜艇上的核导弹、新型鱼雷的机密，专门建造了"格洛曼探险者"号海洋打捞船，该船长188米，宽35.1米，吃水14米，排水量36 000吨，船上吊车的起重能力800吨，最大工作深度5 000米。

　　打捞沉船常用方法是浮筒打捞法。它是利用浮筒的浮力，将沉船从海底浮至海面。打捞浮筒分为硬式和软

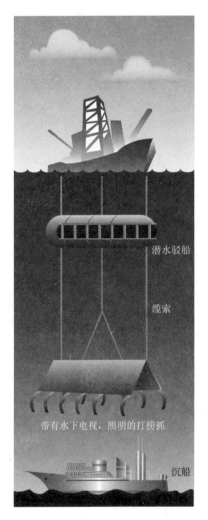

潜水驳船

缆索

带有水下电视、照明的打捞抓

沉船

▲ 海底打捞

式两种。硬式浮筒用钢板焊成，呈圆柱体，里面分为三个舱，中间为空气舱，用来保持浮力，另外两个是压力舱，充水后沉入海底。软式浮筒用高强度氯丁橡胶或尼龙制成，充入压缩空气或氮、氢等气体后便能成形。

用浮筒打捞法打捞沉船时，潜水员将打捞浮筒系在沉船上，将压力舱的海水排空，打捞浮筒产生的浮力使沉船浮出水面。硬式浮筒可起重几十吨到几百吨重物，几只硬式浮筒可打捞几百吨、上千吨的沉船。软式浮筒提供的浮力只有几吨到几十吨，只能用来打捞小型沉船或沉物。

对沉没于较浅水域的沉船，可以用恢复浮力法进行打捞。所谓恢复浮力法是让潜水员潜入海底，先把沉船破损部分修补好，将船舱密封，再用水泵抽水或用压缩空气排出舱室内积水，使沉船恢复浮力。

对沉没于较深水域的沉船，需要与驳船、拖船相配合打捞。例如，美国的"格洛曼探险者"号打捞船，它要与一艘本身没有动力、被称为非自航的驳船配合使用。这艘非自航驳船长 99 米，宽 32 米，可自动进水下沉，也可自动排水上浮。这艘驳船上有一个能容下整艘失事潜艇的大舱。驳船上还有一个大爪，能抓住整艘失事潜艇。

"格洛曼探险者"号打捞船进行打捞作业时，把载着大爪的驳船拖到作业现场。驳船进水下沉到45米深度，与打捞船上两根50米高的桁架支腿对接。打捞船提升钢缆，使电缆、管线与驳船上的大爪相连接，将大爪从驳船中取出，再拖走驳船。此时，打捞船带着大爪移动至沉船上方，放下大爪。通过水下电视，调整大爪与沉物相对位置，张开大爪，夹住沉物或沉船，将其提升到30米深度处，再将驳船拖至作业现场，再次与打捞船对接，把打捞上来的沉物、沉船放进驳船的大舱。

美国"格洛曼探险者"号打捞船就这样打捞了苏联失事潜艇G级导弹潜艇的大部分艇体以及艇上装备的导弹、鱼雷等武器，得到了巨大收获。

对于一些不能整体打捞的沉船、沉物，可以用解体打捞法，即利用水下爆破或水下切割，把沉船或沉物在水下分解，再分段、分块打捞。近来，还出现一些新型浮力材料，可用于沉船、沉物打捞。

在海洋打捞船上装备的打捞设备有起重机、起重绞车。一般打捞船的起重能力从几十吨到几百吨，小型沉船、沉物可直接用起重机从海底吊起。

▼ 浮筒打捞法

▲ J506 远洋打捞救
生船

海洋打捞船上还装备有潜水设备，有减压室、减压舱、潜水衣和潜水装具。在一些大型海洋打捞船上还配备有深潜器、深海工作艇，以便在深海打捞沉船、沉物。

（施鹤群）

海底城市

~~~~~~

　　大海对于大多数人来说，是令人神往的地方。特别是生活在内陆的人们，他们把看一看大海作为自己的一种向往。确实，海洋不仅蕴藏着丰富的生物、矿产资源、能源，还拥有辽阔的空间。海洋空间可分为海面、海中、海底三部分，海洋的空间利用包括海面养殖、海上交通、海洋工程与海底居住等。海洋是现代人们生存、生活的新空间，海上城市、人工岛、海底实验室及海底城市相继出现，使大海成为人类的新故乡。

　　1975 年 7 月，成千上万人拥向日本冲绳岛，参观正在那里举行的国际海洋博览会。博览会的中心会场是在离海岸 400 米远、漂浮于海面上的一座海洋建筑物里，其长 104 米，宽 100 米，高 32 米，由海桥与陆地相连。它是一座半潜式海上平台，由水上和水下两部分组成。

水上部分有三层甲板,上甲板相当于屋顶,主甲板、中甲板上展出博览会的展品,安装有设备;水下部分设有观察窗,可观察海底世界。

这座漂浮在海面的大型海洋建筑物本身便是这次国际海洋博览会的一件极好展品——未来海上城市模型。它的排水量虽然并不大,只有 2.8 万吨,却可同时接待两千多人参观,既是现代海洋工程杰作,又是一座具有完善设备和生活设施的海上城市雏形。它向人们展示了未来海上城市的美好前景。

海上城市是指在海上建立的用于工业、商业、交通、文化、居住、娱乐等社会活动的综合体,可容纳数万人工作、生活。建设海上城市的设想很多,许多科学家提出各种海上城市设计方案:从地理位置来分,有建设在近海、远海及海底的;从结构来分,有用钢板、玻璃钢制成,像大型船舶那样漂浮于海面的,也有用桩柱或垫脚固定于海底的;从形状来分,有圆形、方形、长方形,也有椭圆形、球形、半球形;从用途来分,有用于海上采油、海上放牧、海上冶炼、海上工厂的,也有用于居住、娱乐的。

要是说海上城市是科学家构思的蓝图,那么人工岛却是现实的存在。人工岛是人们在海上构建的岛屿。现在,世界上出现了许多人工岛。人工岛种类很多,按照构造来分,有着底式人工岛和浮体式人工岛两类。

着底式人工岛直接构筑在近岸浅水区域,连着海底。建筑着底式人工岛,一般先进行岛身的填筑,就地取材来填海，也可用工业生产的废料来填海，建筑着底式人工岛可增加可观的陆地面积。如荷兰通过建筑着底式人工岛，所增加的陆地面积占国土面积的 20%；日本在二战后 50 年中构筑了着底

▲ 海底实验室

式人工岛，增加的陆地面积相当于 26 个香港的面积。日本还计划在日本列岛周围建筑 700 个着底式人工岛，这些人工岛建成后将会使日本的建筑面积扩大一倍。

　　浮体式人工岛是利用浮力作用构筑在海面上的大型浮体，通过锚链固定在海上。建造浮体式人工岛的设想很多，日本日建设计公司曾设计一种圆环形浮体式人工岛，它由 60 个部件组成一个直径 2 千米的圆环，在圆环内，设置有道路、餐厅、仓库、车场。日本清水公司曾提出一种利用吊桥原理建筑的浮体式人工岛，它的主体是一个巨大的圆形浮体式建筑物，直径 500 米，重 180 万吨，在主体两侧有 2 个 80 000 平方米的辅助性浮体式建筑物，各个浮体式建筑物再用锚链相连接，并利用气垫船作为交通工具，自由来往。还有人设计一种形如海鸥、拥有巨大水翼的浮体式建筑物，是用锚和锚链停泊于深海的。

　　人们不仅在海面上居住，还想在海底居住。20 世纪

▲ 设想中的海底城市

60 年代，人们就着手建造海底实验室，进行海底居住实验。1962 年，法国建造了世界上第一个海底实验室"大陆架 1 号"，其后，又分别建造了"大陆架 2 号""大陆架 3 号"，进行海底居住实验。

所谓海底实验室是一种圆筒形或圆球形水下装置，用高强度钢板焊接而成，大的有几百吨，小的也有几十吨，它们能够承受深水的压力。它的内部设有工作区、生活区、控制区等区域。在海底实验室中，实验人员呼吸的是人工空气，这会给人们带来许多不便，需要装备专门的仪器设备，才能正常工作。

现在，科学家不再满足已有的海底实验室和海底房屋，还设想建造海底城市。设想中的海底城市由圆筒形、球形、蛋形海底房屋组成一个个居民点；再由若干个居民点组成海底城市中心区。在海底城市中，有住房、商店、医院、学校及文化娱乐设施。海底城市的出现，将使海洋成为人类的家园，成为未来人的故乡。到那时，再有歌唱家唱"大海啊，故乡"，就是名副其实的意境了。

（施鹤群）

海上勘探队

~~~~~~~~~~~~~~~~~~~~~~~~~~~~~~~~~~

　　当陆地上的矿物资源被大量开采，变得越来越匮乏时，人们又把目光投向海洋。因为海洋里蕴藏着丰富的矿物资源，特别是在广阔的大陆架浅水海域蕴藏着大量的石油、天然气和其他矿藏。为了查明海底石油和矿藏，人们专门建造了海洋勘探船和海上钻井装置，称它们为海上勘探队是很确切的比喻。

　　海洋勘探船用于海洋地质勘探，船上装有地震仪和有关勘探设备，它们应用了重力、磁性、电性等物理方法来寻找海底石油和矿藏，所以，人们又把海洋勘探船叫作物理勘探船。

　　海洋勘探船一般采用单体式船型，也有采用双体式船型，排水量从几百吨到一二千吨，航速每小时一二十海里，续航力几十天。1972 年，沪东造船厂建造的"勘探 1 号"是一艘双体式海洋勘探船，排水量 3 000 吨。船上装有专门的地震仪，船尾拖着一根长长的电缆，由浮标使其平衡，并保持一定深度。

海洋勘探船在地质勘探过程中，保持低速航行，由人工爆破产生地震波来探测海底地层。由于海洋勘探船采用物理勘探法来进行探测，速度快、面积广，所以，在海洋石油勘探中被广为应用。

物理勘探法只能提供海底地质构造情况，要确定是否有开采价值，还得通过钻井勘探。海上钻井装置又称海上钻井平台，它是海上钻井的专门设备，专门用于石油、天然气的勘探、开采。

海上钻井装置有固定式和移动式两种。固定式钻井装置依靠钢质的桩脚支撑在海底，工作深度在 100 米以内，它不能移动，故只能用于海上采油。

▼ "勘探 1 号" 海洋调查船

移动式钻井装置可在海面移动，根据工作原理与构造不同，可分为沉垫式、自升式、水面式和半潜式四种。

沉垫式钻井装置分上、下两层结构，上层为工作平台，即钻井平台；下层为沉垫。海上钻井时，将海水灌入，沉垫沉入海底。钻井结束后，

将海水排出，沉垫会自动浮起，可移动至新的井位，进行钻井作业。

自升式钻井装置由工作平台、桩脚和升船机等三大部分构成。工作平台有三角形、四边形和五边形等多种形状。在工作平台上安装有钻井设备、动力装置及生活设施。桩脚为钢质的结构，形状有圆筒形、箱形、桁架形，它们可以自行升降。例如，"渤海一号"是我国自行设计、制造的第一种自升式钻井装置，有4根桩脚，每根长73米。自升式钻井装置本身没有动力推进装置，要由拖轮来拖带。

水面式钻井装置像一艘水面船舶一样漂浮在水面上，故又叫水面式钻井船。它按照船型可分为单体、双体、三体，其中常用的是双体式钻井船。它的甲板面积大，航行性能好。

水面式钻井船在进行钻井作业时，要使船舶保持在固定位置。水面式钻井船保持船位的方法有三种，常用的是龟式抛锚法，从船首、船尾不同方向抛出6～10只大的抓力锚，利用锚的抓力来固定船位。中心抛锚法是从船体中部的转盘上，同时抛出6～8只大抓力锚。同时，靠安装在首、尾的侧向推进器来保持船位。对于水深大于300米的海域，如无法用龟式抛锚法和中心抛锚法来定位，就用动力定位法。所谓动力定位，是先用声呐测定船位，再利用船上的自动控制系统、发出指令，控制安装在船首、船尾的侧向推进器来固定船位。动力定位法不受水深限制，适合于深水海域使用。

　　半潜式钻井装置由上体、下体、支柱三部分组成。上体是工作平台，有三角形、四边形、十字形，在工作平台上安装有钻井装置和各种附属设备。下体潜入水中，一般半潜式钻井装置有2个下体，每个下体以用2～3个支柱与上体相连。

　　由于半潜式钻井装置由下体潜入水中，与水面接触的水线面积小，所以，受波浪影响小，容易保持船位，是一种理想的海上钻井装置。它可以在水深两三百米甚至更深的海洋进行海上钻井作业，钻井深度可达三四千米。半潜式钻井装置上也可安装动力定位装置，利用动力定位保持在海底井口上方的固定位置，使海上钻井作业顺利进行。

（施鹤群）

汽车尾部的 2.5　V6 标记

中国已经逐步进入拥有家庭轿车的时代，细心的人们会发现，在一些轿车后备厢上往往标有"V6"之类银光闪闪的字样。从外观看，有这类字样的，一般是比较高级的轿车。要想弄清它们的内涵是什么，还必须从汽车的心脏——发动机谈起。所谓发动机，在目前的汽车上一般就是指内燃机。内燃机是一种通过在汽缸内燃烧燃料，产生高温高压气体，推动活塞产生动力的机器。现代汽车都装有由多个汽缸组成的发动机。一般说来，组成发动机的汽缸越多，意味着汽车的档次越高。但是，不论它是由多少个汽缸组成的发动机，其基本原理都是一样的，因此，我们对发动机原理的介绍也应从一个汽缸谈起。

汽缸的样子有点像一只底朝天倒置的水杯，燃料燃烧产生的气体压力推动活塞在这个"水杯"中做往复运动。往复运动不便于运动能量的变换和传递，所以必须使活塞的往复运动转变成旋转运动，这就需要曲柄连杆机构。曲柄连杆机构由曲柄、连杆和活塞组成。

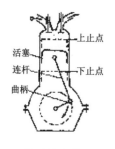

▲ 曲柄连杆机构

主轴颈（图中未示出）和曲柄都是曲轴的一部分。曲轴围绕着主轴颈的中心线旋转，主轴颈则由主轴承支承。曲柄中心线与主轴颈的中心线平行，并且保持固定的距离。曲柄和主轴颈之间的连接部分叫作曲臂。曲柄和曲臂组成曲拐。活塞通过连杆将它受到的燃烧气体的压力传递给曲柄，并推动曲柄围绕主轴颈的中心线旋转，于是产生了曲轴旋转的转矩。人们都见过怎样踩自行车的脚踏板使自行车前进。曲拐的原理其实与此相近：自行车上与大链轮连成一体的心轴（俗称天心）相当于主轴颈，脚踏板相当于曲柄，连接脚踏板与大链轮心轴的钢杆就相当于曲臂，而人的小腿则被连杆取代了。

目前，绝大部分汽车发动机都是四冲程的。为了使燃料能够燃烧，活塞首先必须通过从上往下的运动形成真空，以吸入空气，这个冲程叫作吸气冲程。活塞到了最低点的时候，连杆和曲臂处在同一条直线上，这个位置叫作活塞的下止点。接着，为了使燃料在较高的温度和压力下燃烧以获得更大的动力，活塞就从下往上运动，对汽缸内的空气进行压缩，这个冲程叫作压缩冲程。当活塞到达最高点的时候，连杆和曲臂再次处在同一条直线上，这个位置叫作活塞的上止点。在接近上止点的时候，燃油和空气的混合气开始点火燃烧。由此产生的高

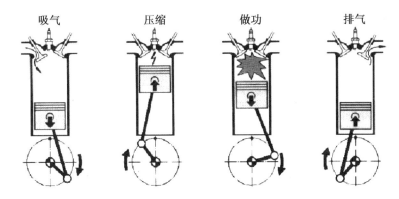

| 吸气 | 压缩 | 做功 | 排气 |

▲ 内燃机的四个冲程

压气体促使活塞掉过头来往下运动，进而通过连杆产生对于曲轴中心线的力矩，推动曲轴转动，这个冲程叫作做功冲程。当活塞再次越过了下止点之后，它就往上运动，将燃烧产生的废气排出，这个冲程叫作排气冲程。

　　工程上，能使轴一类的物体转动的力矩，称为转矩。转矩乘上轴转过的角度等于"功"的大小。由此我们看到，发动机的四个冲程之中，只有做功冲程是以转矩的形式通过曲轴输出动力的，其他三个冲程都不做功。曲轴的转矩乘上转速决定了它的输出功率。由于汽车行驶过程中发动机的转矩和转速都是在改变的，它的输出功率也在改变。一般来说，单位时间内输送到汽缸中去的燃料越多，输出功率越大。但这并不意味着可以随心所欲地往汽缸内输送燃料，因为燃料的燃烧需要空气。没有足够的空气参加燃烧，汽车排气管就会冒黑烟。令人厌恶的柴油车黑烟的产生，就与此有关。

　　只有一个汽缸的发动机叫作单缸机。农村的手扶拖拉机通常采用单缸机。单缸机产生的功率有限，而且输出的转矩波动太大，振动和噪声也大，所以车用发动机都由多个汽缸组成，叫作多缸机。为了使发动机输出的转矩趋于均匀，多缸发动机各个汽缸的工作过程（例如点火）是按照固定的顺序等间隔地相互错开的。5 个及以下缸数的发动机通常将汽缸排成一列，叫作直列式发动机。如果汽缸多了，排成一列则会导致发动机的长度过大，不便于在车上的布置，6 个以上缸数的发动机通常将汽缸分成两列布置，成"V"形，叫作"V"形发动机。六缸机可以做成直列式，也可以做成"V"形。如果在汽车尾部看到"V6"的字样，那就表明这辆汽车装备了一台布置成 V 形的六缸发动机。其余依此类推。

另外，活塞从上止点到下止点所经过的距离为行程，行程与汽缸截面积的乘积为汽缸的排量，发动机全部汽缸的排量之和就是发动机排量，通常以升为单位。例如汽车尾部标明"2.5"或者"3.0"等等，就表示该车发动机的排量为"2.5"或者"3.0"升。每升排量能够产生的最大功率称为升功率。一般来说，技术水平相当的发动机，升功率相差不多，所以排量越大，则最大功率越大。

"2.5 V6"就表示这辆汽车装有"V"形六缸发动机，其排量为 2.5 升。

（钱人一）

发动机的"食谱"

~~~~~~~~~~~~~~~~~~~~~~~~~~~~~~~~~~~

俗话说,"民以食为天"。燃料便是发动机的"食"。

汽车发动机燃料中的可燃物质不外乎碳和氢两种元素,故称碳氢化合物。从 100% 的纯氢到 100% 的纯碳,按照氢 / 碳原子比例的不同,构成了各种碳氢化合物,其中有许多种碳氢化合物可以充当发动机燃料。燃料氢 / 碳原子比值越低,发动机排放的二氧化碳就越多。

发动机的燃料在常温常压下可以为液态或气态。液态燃料是最重要的燃料。当今世界每年生产的汽车中,大约 99% 采用液态燃料,其中最常用的是汽油和柴油。汽油和柴油都是由多种碳氢化合物组成的混合物。

在加油站加汽油的地方的上方往往有标明"90 号"、"93 号"字样的标牌,那么这"90 号"、"93 号"是什么意思呢?这就要从一个叫爆震的概念谈起。

汽油机的爆震是一种非正常燃烧，其结果是产生剧烈的金属敲击声，损坏发动机零件，甚至将活塞的部分棱角熔化。抗爆震性是汽油最重要的属性之一，通常用辛烷值表征。"93号"汽油就是它的辛烷值等于93的意思，它的抗爆震性优于"90号"汽油。如果想要知道一种燃油的辛烷值，就要将具有优良抗爆震性的异辛烷和抗爆震性很差的正庚烷按照各种配比配成混合燃油，然后在一台标准的试验汽油机上做试验。如果试验结果表明这种已知比例的混合燃油与待测燃油具有相同的抗爆震性，那么就可以把混合燃油中的异辛烷体积百分比看作是待测燃油的辛烷值。相类似的，点燃特性是柴油最重要的属性之一，它用十六烷值表征。

为了提高汽油的辛烷值，人们曾采用往汽油中添加四乙基铅的方法。含铅汽油燃烧后，铅跟随废气排入大气，并可能进入人体。铅一旦进入人体便很难排出，致使人体血液中的铅浓度上升，危害人类健康。再者，为了满足欧洲1号以上排放法规的要求，轿车必须采用催化转化器来净化废气。而催化转化器也会因铅而中毒。油箱中一次加入含铅汽油，则催化转化器将终生失效。所以，我国从1997年起已经禁止使用含铅汽油。

汽油和柴油中受到法规限制的有害元素还包括硫、磷、硅和砷等。

除此以外，国家标准还对汽油和柴油提出了很多质量指标要求，包括挥发性、密度、黏度、凝点、腐蚀性、酸值、含水量、含氧量、残渣、灰分、聚芳烃和多芳烃含量等等。

汽油和柴油都是从石油中提炼出来的。石油资源早晚会有枯竭的一天。我国 2017 年进口的原油已经达到 4.188 亿吨，今后将有增无减。我们一方面要千方百计地使汽车节能，另一方面还要寻求代用燃料。说到代用燃料，我国抗战时期和解放初期曾出现携带煤气发生器的货车，用于产生一氧化碳供汽车作燃料。一氧化碳是城市煤气的主要成分。二十世纪六十年代初我国经济困难时期，一些大城市的街头出现过头顶大气袋的公共汽车，气袋里面装的就是充当燃料用的燃气。

最重要的代用燃料是烷类和醇类。

烷类纯粹由碳和氢原子组成。甲烷就是烷类中具有代表性的一种，它是天然气和沼气的主要成分，它的氢/碳原子比为 4:1，是所有烷类物质中最高的。在我国西部地区，早就将天然气用作汽车发动机燃料了。天然气又可分成压缩天然气（CNG）和液化天然气（LNG）。丙烷和丁烷也属于烷类，它们是液化石油气（LPG）的主要成分。液化石油气是炼油行业的副产品，我国一些大城市中已出现液化石油气的加气站，其主要用户是出租车。上述的烷类，在常温常压下是气体。为了便于携带，将它们压缩到较高压力，如 CNG，甚至压缩成液体，如 LNG 或 LPG，装在特制的钢筒中。液态燃料通过蒸发器变成气态，然后与空气混合后引入汽缸。

与烷类相比，醇类更加接近我们的日常生活。它们在常温常压下是液体，含有氧原子。氧可以助燃，因此醇类燃烧比较完全，发动机原始废气的品质比较好一些。但是，氧本身不能产生热量，所以行驶同样里程所消耗的醇类燃料要比其他燃料多一些，其中最重要的是甲醇和乙醇。美国早已将甲醇掺入汽油作为发动机燃料，例如掺入 15% 体积百分比甲醇的汽油用"M15"标识。甲醇可以用煤生产。甲醇又称木精，有毒，进入眼睛可能导致失明。甲醇又是一种溶剂，还具有腐蚀性，所以须对发动机的某些零部件进行改装。乙醇又称酒精。在盛产甘蔗的巴西，利用蔗糖生产酒精充当发动机燃料。可见，代用燃料的发展与地缘经济学有很大的关系。

除了上述燃料以外，还有许多可再生的生物燃料，包括各种植物油和动物油，如菜籽油、蓖麻油、鱼油、牛油等；还包括农作物茎秆、粪便、垃圾等处理后的产物以及其他。此外，用煤或天然气可以液化成人造柴油，但是，相比之下，用天然气液化成人造柴油的工艺途径成本更低、资源消耗更少。总之，天无绝人之路，汽车不会没有"饭"吃。

有人以为，气体燃料是清洁能源，能使发动机清洁。这是一种误解。如果没有电子控制和催化转化器，气体燃料的发动机也未必清洁。给发动机进什么"食"，要从经济利益、环保和能源安全等多方面来综合考虑。

（钱人一）

内燃机家族

～～～～～～～～～～～～～～～～～～～～～～～～

　　大家最熟悉的内燃机，大概应该是汽车上装的发动机。如果你对内燃机有点兴趣，想要了解一下烧汽油的和烧柴油的内燃机之间有什么区别，这里面倒是大有学问。首先还要从四冲程往复活塞发动机的点燃燃烧方法谈起。

　　1876 年尼库拉斯·奥古斯特·奥托在当时的德国道依茨煤气机公司（今天的道依茨公司）创造了世界上第一台采用由外部的火源点燃燃烧方法的四冲程往复活塞发动机。此后，德国人鲁道尔夫·迪塞尔在 1897 年创造了采用压缩点燃燃烧方法的四冲程往复活塞发动机。第二次世界大战期间德国人菲利科斯·汪克尔在瑞士造出了四冲程旋转活塞发动机，但是其普及程度远远不如往复活塞发动机。这三种发动机在汽车上都有应用，它们经过一百多年来的实践，在四冲程的工作原理上没有根本的改变。

由外部的火源点燃的发动机以它的发明人姓氏奥托命名，称为奥托发动机，通常用汽油作燃料，故又称汽油机；压缩点燃的发动机以它的发明人姓氏迪塞尔命名，称为迪塞尔发动机，它主要用柴油作燃料，故又称柴油机。由外部的火源点燃的奥托发动机除了汽油以外，还可以用甲醇等其他液体燃料或燃气作燃料；压缩点燃的迪塞尔发动机也可以用菜籽油或人造柴油等作燃料。这两类燃料之间有着根本的区别，并因此引出了这两类发动机的许多重要区别。

汽油容易被其他火源点燃，或者说具有较好的点燃特性，但是不容易因温度升高而自燃；柴油则容易在一定的温度下自燃，或者说具有较好的自燃特性，但是不像汽油那样容易被其他火源点燃。

燃油的引燃方法不同。在汽油机中，燃油是用专门设置的外部的火源（火花塞）点燃的；在柴油机中，燃油是在高温空气中自燃的。

燃油引入汽缸的方式不同。传统的汽油机中，汽油喷在进气门前与空气混合；在柴油机中，燃油被喷射，进入到汽缸通过压缩形成了高温的空气。

燃烧方式不同。汽油机从燃烧室中的火花塞引入火种，然后

▼ 汽油机的节气、喷油和点火

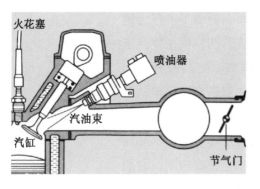

火花塞

喷油器

汽油束

汽缸

节气门

火焰传播到整个燃烧室；在直喷式的柴油机中，则是边喷油，边与空气混合并燃烧，主要依靠油束和气流的运动，使火焰传遍整个燃烧室。

可供空气与燃油混合的时间不同。汽油机的燃料在汽缸外与空气混合，可供混合的时间较长；柴油机的燃料在汽缸内与空气混合，只能在狭窄的曲轴转角范围内完成混合，转速高，则可供混合的时间更短。所以，现代轿车汽油机的转速已可达到每分钟 7 000 转，而柴油机的转速一般不会超过每分钟 4 500 转。

升功率（即每升排量所能产生的最大功率）不同。功率的大小，取决于转矩和转速的乘积。汽油机升功率已可达到每升 70 千瓦以上；柴油机因其转速的提高受到限制，所以升功率不超过每升 58 千瓦。相应地，同样功率的柴油机会比汽油机重一些。

混合气的空气与燃油比例不同。汽油机中，空气与燃油比例接近理论上完全燃烧的比例；柴油机中，空气必须过量，而且空气越多，越能使柴油燃烧得充分。

转矩调节方式不同。汽油机要求空气与燃油比例基本上恒定，所以必须通过节气门调节吸入的空气量才能相应地调节燃油量；柴油机则相反。

内燃机吸气和排气过程引起的能量损失，称为泵气损失。汽油机和柴油机的泵气损失不同。汽油机的泵气损失较大；柴油机的泵气损失则较小，有利于节能。

压缩比不同。压缩比定义为活塞下止点时的汽缸容积和活塞上止点时的汽缸容积之比，反映了汽缸内的空气在压缩冲程中被活塞压缩的程度。汽油机为了避免发生爆震而不能有太高的压缩比；柴油机必须要有较高的压缩比才能使燃油点燃。通常柴油机的压缩比大体上是汽油机的两倍，有利于节能。

燃烧剧烈程度不同。汽油机燃烧比较柔和；柴油机燃烧过程很剧烈，缸内最大燃烧压力和压力升高率都比较大，活塞、连杆和曲轴受到的负荷比较大。

燃油经济性不同。综上所述，柴油机的热效率比汽油机高，燃油经济性比汽油机好。

有害物质排放和振动、噪声不同。柴油机原始排放中的碳氢化合物和一氧化碳浓度比汽油机低，但是氮氧化物浓度较高，还容易生成微粒物和碳烟。柴油机的振动和噪声也比汽油机大。

目前，世界上有一些人正在进行一种名为"均质充量压缩点燃"的燃烧方法的研究，英文缩写为"HCCI"，有望在不久的将来把汽油机和柴油机的优点结合起来，为汽车提供更为经济、更为环保的优质发动机。

（钱人一）

发动机的"呼吸系统"

~~~~~~

    发动机的进气系统包括空气滤清器、空气流量传感器、节气门、进气管、进气门和排气门等。因此,可以拿人类的呼吸系统来比喻。

    汽车的空气滤清器好比人体鼻孔中的纤毛,用于过滤吸入空气中的灰尘和其他杂质。没有它,灰尘和其他杂质将长驱直入地进入汽缸,造成汽缸壁、活塞和活塞环的磨损。一旦堵塞,还会造成发动机吸气阻力增大,功率下降。

    空气流量传感器通常用于检测单位时间内吸入的空气量,然后计算机结合转速计算出每个汽缸、每个工作循环吸入的空气质量,命令喷油器喷射相应质量的燃油。

    节气门相当于人体的咽喉,通常用于控制汽油机吸入空气量的多少。传统汽油机的节气门是由驾车人直接通过油门踏板来操纵其启闭程度的，简称"开度"。现代汽油机通过计算机的指令控制节气门的开度，这就是电动节气门。

柴油机通常不需要节气门。如果柴油机采用节气门，那一定是电子控制的柴油机，而且此时采用的是电动节气门，用于更好地控制排气再循环。排气再循环就是将一部分废气从排气管引出，送回进气管中。这听起来有点不可思议，好比将排泄物重新吸入体内。但是，发动机这样做可以减少氮氧化物的排放。

传统的发动机进气管长度是固定不变的。如果通过电子控制将进气管长度在低转速时加长一点，高转速时又缩短一点，那么发动机就能够吸入更多的空气，也就能够喷入更多的燃油，使汽车跑得更快。这项技术在国产轿车上已有应用。

内燃机的工作过程是一个循环、一个循环地进行的。在一个循环中，汽缸要在恰当的时候开启和关闭。实施这项管理功能的零件就是气门。气门像汽缸的"大门"，平时由气门弹簧的力压紧在气门座上，气门关闭。迄今为止商品化的发动机上，气门都是由凸轮将气门弹簧压下而开启的。凸轮装在凸轮轴上。每一个汽缸至少需要一个进气门和一个排气门。新鲜空气从进气管通过进气

▼ 凸轮轴结构

门吸入汽缸；废气通过排气门从排气管排出机外。同一个汽缸的进气门和排气门在不同的时刻开启和关闭。由于各个汽缸的工作进程是相互错开的，不同汽缸的凸轮布置也相互错开一个角度。一个工作循环中，曲轴转两转，气门却只启闭一次，凸轮轴的转速只有曲轴转速的一半。

为了提高发动机功率、降低有害气体的排放和油耗，人们希望每一个工作循环吸入尽可能多的新鲜空气，当然也就需要排出更多的废气，并尽可能扩大进气门和排气门的面积。就对内燃机性能的影响而言，增加进气门的流量比增加排气门的流量更为重要，进气门的面积做得比排气门要大一些。每一个汽缸的气门如多于两个，则称为多气门发动机。多气门方案首先是可以扩大进、排气门面积，其次是可以让汽油机的火花塞或者柴油机的喷油器布置在汽缸的中心，使发动机燃烧过程得到优化。多气门方案还有其他好处。三气门方案有两个进气门和一个排气门；四气门方案有两个进气门和两个排气门；五气门方案则有三个进气门和两个排气门。更多的气门数量使得汽缸盖的设计和制造过程十分复杂，并无好处。所以，每一个汽缸采用的气门数量最多只有五个。最常用的是四气门方案。如果你在汽车尾部或者其他部位看到"16 V"（此处的"V"不是前述的"V"形发动机，而是英文"气门"一词的第一个字母）的字样，那就表明这辆汽车装备了一台四个汽缸、每个汽缸有四个气门的发动机。

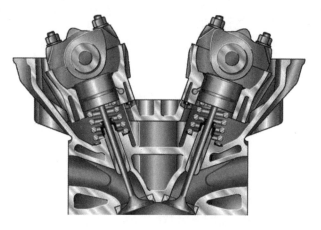

▲ 上置式双凸轮轴和气门

只在汽缸盖上面配置一根凸轮轴的发动机叫作单上置式凸轮轴发动机，用英文字母"SOHC"标识；多气门发动机通常需要两根上置式凸轮轴，用英文字母"DOHC"标识。

传统的发动机气门启闭的时间安排（所谓"配气相位"）和升起的高度都是固定不变的。现代轿车发动机采用可变气门技术，使得气门启闭的时间安排或升起的高度可变。这样既有利于提高汽车起步时的加速性，又有利于提高最大车速，还可以降低发动机油耗，控制进气气流的运动，减少发动机的氮氧化物排放，在必要的时候提高排气温度，还能使发动机怠速（松开油门踏板，挂上空挡，汽车停住，发动机运转）稳定从而提高舒适性。英文字母"VVT"或"VVT-i"是"可变气门定时"的英文缩写，而"VCT"则是"可变凸轮定时"的英文缩写。这些都属于可变气门控制技术的范畴。

此外，许多公司都在研究和开发不用凸轮轴的气门操纵机构，那就是电磁-机械气门或者电磁-液压气门。

前面介绍的发动机是自然吸气的。为了提高功率、降低在低车速时的油耗和减少排放，常常采用增压器。最常用的是涡轮增压器，就是利用发动机废气推动一台燃气涡轮机，由它带动一台压气机压缩新鲜空气，然后输入到汽缸中。这样，发动机就可以吸入更多的空气，进而"消化"更多的燃料。增压的作用相当于给发动机服用"开胃药"。增压后空气温度升高、密度下降。冷却有助于使汽缸吸入更多空气，所以增压后要进行中间冷却。如果车上某个部位标有"Turbo"字样，就表明这辆汽车装备了一台涡轮增压发动机。涡轮增压在柴油机上早已普及，近年来也在汽油机中逐步推广，但汽油机采用机械增压更为合适。

（钱人一）

可变气门技术

内燃机气门开启和关闭的确定时刻叫作"气门定时"。气门开启时升高的距离叫作"气门升程"。传统发动机的气门定时和气门升程都是固定不变的。现代内燃机采用电子控制的、可变的气门定时和气门升程，统称为"可变气门"技术。可变气门定时英文叫作"Variable Valve Timing"，缩写成"VVT"；或者叫作"Variable Camshaft Timing（可变凸轮轴定时）"，缩写成"VCT"。可变气门升程英文叫作"Variable Valve Lift"，缩写成"VVL"。

汽车的"大脑"和"神经系统"

~~~~~~~~~~~~~~~~~~~~~~~~~~~~~~~~~~~~

　　在日常生活中司空见惯的现象，如吃饱了之后就会停止进食等，都是由人体的感觉器官、大脑、神经系统和各器官的机能演绎的。与此类似，发动机的电子控制系统也由自己的感觉器官、大脑和神经系统组成。

　　汽车发动机的"大脑"就是电子控制单元，英文是Electronic Control Unit，缩写为"ECU"，有的公司把它称为"PCM"等。ECU也罢，PCM或者其他叫法也罢，其实就是一台微型计算机。计算机从传感器获得有关发动机的各种信息。所谓传感器，就好比是人的眼、鼻、耳、舌、皮肤等感觉器官。人通过这些感觉器官来判断温度的高低、力的大小、光线的强弱等。ECU则通过传感器获得发动机曲轴的转速、每个循环吸入的空气质量、吸入空气的压力和温度、节气门的位置、冷却液的温度、

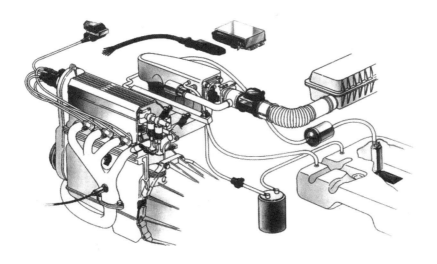

▲ 汽车发动机

是否发生了或即将发生爆震（爆震是汽油机的一种非正常燃烧，会损坏机件），以及空气与燃油的实际比例，是空气过多还是燃油过多等信息，由此决定应该喷入多少体积的燃油，什么时候喷油、什么时候点火等，然后发出指令，让喷油器在恰当的时刻喷入恰当数量的燃油，让点火线圈在恰当的时刻使火花塞打火，等等。所以，喷油器和点火线圈就是执行 ECU 指令的元件，叫作执行器。当然，发动机还有其他许多执行器。传感器、ECU 和执行器等合在一起组成电子控制系统。

ECU 对执行器发出的指令都是根据一个预定的目标计算出来的。为了检查执行器执行指令以后的实际效果是否与预定目标一致，电子控制系统往往通过一个传感器探测受控对象，如发动机中某一个监测参数的数值，并反馈给 ECU，这个监测参数的数值如果与预定目标不一致，ECU 就要修正发送给执行器的指令，使监测参数的数值达到预定目标。这种控制方式叫作闭环控制。如果没有这种信息反馈，就称之为开环控制。以电子控制汽油机为例，常用的闭环控制项目有三种。第一种，燃油定量闭环控制，所需的反馈信息来自氧传感器，控制目的是使三效催化转化器能够全面地净化碳氢化合物、一氧化碳和氮氧化物这三种有害物质的排放。第二种，怠速（松开油门踏板，挂上空挡，汽车停住，发动机运转）转速闭环控制，所需的反馈信息来自转速传感器，控制目的是在保证发动机怠速稳定运转的前提下降低发动机怠速转速，提高发动机的经济性并改善排放。第三种，爆震闭环控制，所需的反馈信息来自爆震传感器，控制目的是在不发生爆震的前提下提高发动机的经济性。

除了上述最基本的燃油定量、喷油定时、点火定时控制以外，现代发动机还有许多扩展的电子控制项目，如燃油箱蒸发排放物、二次空气、排气再循环、增压压力、可变进气管长度、可变气门定时、可变压缩比、分缸断油、气门封闭、进气涡流、喷油压力等的电子控制。发动机的电子控制，首先要为解决排放问题服务。为了满足严格的排放法规，在排气后处理方面也引入了一些新的电子控制项目。近年来，由于在降低二氧化碳排放方面提出了越来越高的要求，所以在发动机节能方面也引入了许多电子控制项目。

整车的电子控制项目影响到动力性、经济性、舒适性、操控性、主动和被动安全性等。高档轿车电子产品

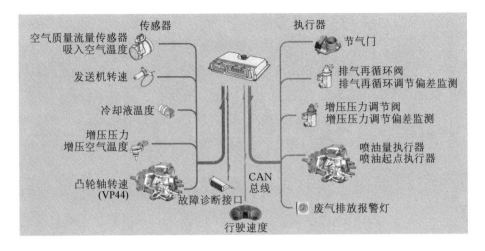

传感器　　　　　　　　执行器

空气质量流量传感器
吸入空气温度　　　　　　　　　　　　　节气门

发送机转速　　　　　　　　　　　排气再循环阀
　　　　　　　　　　　　　　　排气再循环调节偏差监测

冷却液温度　　　　　　　　　　增压压力调节阀
　　　　　　　　　　　　　　　增压压力调节偏差监测

增压压力
增压空气温度　　　　　　　　　喷油量执行器
　　　　　　　　　　　　　　　喷油起点执行器

凸轮轴转速
(VP44)　　　　　　　　　　CAN总线　废气排放报警灯
　　　　故障诊断接口

行驶速度

▲ 某柴油机电子控制系统组成

在整车中所占价值将达三分之一。所以应当重视发展汽车电子产业。

　　汽车和发动机的电子控制系统越来越复杂，使得它们的故障诊断成了一大难题。电子控制系统的故障通常是肉眼所看不见的，汽车电子控制系统都具有故障监测和故障信息记录功能。此项功能不仅覆盖电子控制系统本身，而且对危及发动机的一部分非电子部件的故障和发动机工作过程的异常现象进行检测。ECU 不断地检测各种传感器传来的信息以及计算中间结果的可信度，一旦发现异常，就要按照一定的标准判断它是偶然的、间歇的，还是长期的、连续的，并将确认的故障信息记录在案。一些关系重大的故障要通过指示灯向车主报警。发动机电子控制系统中一些关键的传感器出现故障的时候，ECU 就要采取一些临时措施，例如用另一个传感器的信号或一个固定的常数去替补故障传感器的信号，使得汽车还能勉强带病行驶回家，或者行驶到邻近的维修站去求救。维修人员借助于故障诊断仪或通过其他手段可以从 ECU 的芯片中调取记录下来的故障信息，这样就能比较迅速地查找出故障所在。此类系统称为"车载故障诊断系统"，英文是 On Board Diagnosis，缩写为"OBD"。OBD 对于保证排放控制系统的正常工作十分重要。

　　除了发动机的电子控制系统及其 ECU 外，先进的轿车至少有十几个电子控制系统，甚至更多。每个电子控制系统都有各自的 ECU，它们需要的许多信息如发动机负荷、转速等都是可以共享的，它们相互之间以及它们与其他电气和电子系统如仪表板等都要进行信息交流。为了可靠地进行信息交流，还为了节省和简化线路，汽车上已经广泛使用了总线系统。总线的英文名称就是"BUS"，也就是公共汽车，谁都可以使用的意思。上述的各种 ECU 和电子元件都可以到总线上读取数据，但是相互之间必须要遵守一种约定，那就是所谓的"通信协议"。目前，最为重要的总线系统就是"局域网控制器"总线系统，英文缩写为"CAN-BUS"。

（钱人一）

汽车油门踏板

〜〜〜〜〜〜〜〜〜〜〜〜〜〜〜〜〜〜〜〜〜〜〜〜〜

"加油！""加油！"人们对体育竞技场上传出的这种呼声早已习惯，意思是鼓励运动员创造好成绩。可见，在人们心目中，加了"油"，就会有更大的"力"。

这种说法可能与汽车有关。如今学驾驶的人越来越多，当你坐到汽车驾驶座上，前面下方总可以见到三块或两块踏板（带自动变速器的汽车没有离合器踏板），其中最右边的踏板叫作油门踏板。当你轻轻地踩下油门踏板，汽车便"轮下生风"，箭也似的飞驰而去的时候，你有没有想过连着油门踏板的是什么东西，踩下油门踏板后究竟发生了什么过程呢？

这个问题要分成几种情况来说。传统的汽油车和柴油车中，油门踏板后面都连着一根钢丝绳。汽油车中，钢丝绳直接牵动节气门，使它开启得更大些；柴油车一

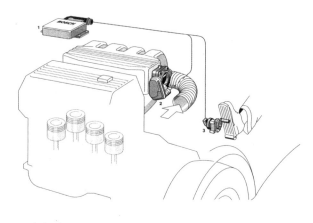

▲ 汽车油门踏板

般不需要节气门，钢丝绳与喷油泵的油门拉杆相联结。一旦松开油门踏板，无论是汽油机的节气门还是柴油机的油门拉杆，都会在回位弹簧的作用下复位。直到 2004 年，国产的绝大部分汽车都是这个样子。

汽车的动力是由燃油在发动机中燃烧做功而产生的，若要汽车跑得快，就要让汽车发动机多"吃"油。可是，燃油的燃烧需要空气。光加油而不增加空气，发动机就会"消化不良"冒黑烟。特别是在汽油机中，要求空气与燃油的质量比大体接近理论上根据空气与燃油燃烧的化学反应方程式计算出来的分子量比例，即所谓理论当量的比例，同时根据发动机的负荷与转速等参数在这个比例的上下稍作浮动。显然，按照这个比例，燃烧后空气与燃油都恰好没有过剩。

由于发动机是间歇地工作，一个循环接着一个循环，我们提到空气量和喷油量，都是按一个汽缸的一个工作循环来考虑的。事实上，踩下汽油车油门踏板，并没有直接改变每一个工作循环进入汽缸的燃油量，改变的只不过是经过节气门流入发动机的空气流量。这与转动自来水龙头能够改变水流量的道理是相同的。然后，根据空气流量、汽缸数目和转速等确定发动机每个汽缸、每个循环吸入的空气质量。ECU 从传感器获得有关发动机此刻状况的各种信息，如发动机曲轴的转速、每个缸每次循环吸入的空气质量、吸入空气的温度和压力、节气门的位置、冷却液的温度以及空气与燃油的比例是超过还是小于理论当量空气 / 燃油比等，由此决定应该喷入多少体积的燃油，发出指令让喷油器喷入相应质量的燃油。喷油器就是燃油定量的执行元件，叫作执行器。

虽然说汽油机中空气与燃油的质量比例大体上接近理论当量的比例，但是 ECU 还是要根据发动机状况的不同而对这个比例进行适当的调节。例如，当猛踩油门踏板时和油门踏板被踩得很深时，喷油量就要比理论当量增加至多达 15%；发动机启动时和刚启动后更要增加喷油量，温度越低，增加越多，例如在零下 30 ℃的严寒条件下冷车启动时的喷油量甚至可以比理论当量多二十几倍。只有在巡航车速下才可以为了节省燃油而让喷油量比理论当量减少 10% 左右。但是，为了满足现代排放法规，汽车必须安装催化转化器以净化排放，那就要求汽油机在稳定车速下和汽车怠速（松开油门踏板，挂上空挡，汽车停住，发动机运转）时严格地保持理论当量空气 / 燃油比。这一切都由 ECU 操办，不用你操心。

柴油车中油门踏板的问题比汽油车简单一些。传统的柴油机不设节气门，每循环吸入的空气量波动不大。柴油机要求空气过量，而且对空气与燃油的比例没有十分严格的要求。所以，踩下油门踏板就牵动喷油泵的油门拉杆，直接增加每个缸、每次循环的喷油量，这就不同于汽油机。现代的电子控制柴油机就不同了，它们的油门踏板后面并没有什么钢丝绳。踩下油门踏板就会触动一个角度传感器。这个传感器给计算机送去了驾车人要求发动机提供多少转矩的信息。计算机根据这个信息，结合其他传感器的信息，综合考虑汽车的动力性、经济性、舒适性和排放等要求，计算出此刻应有的喷油量，然后发出指令给喷油泵，或者直接发出指令给喷油器。

电子油门踏板最早出现在柴油车上。但是，装备了现代电子控制汽油机的汽车，包括一部分国产汽油车也已经用上了电子油门踏板。在这类汽油车上，要配套使用电动节气门，由 ECU 发出指令控制电动节气门，转过一个角度，直至达到 ECU 计算出的节气门应有的位置为止。如果说你驾驶传统的汽油车时只能管住气，而不能直接管住油的话，那么你驾驶采用电子油门踏板的汽油车时就连吸气量都不能直接管住了。在某些采用最新技术的汽车中，非采用电子油门踏板不可。

细心的读者可能会问，既然汽油车中踩下油门踏板会开启节气门，可是，启动和怠速的时候，并不踩下油门踏板，那么空气是怎样进入汽缸的呢？此时有两种情况：一种情况是，不踩油门踏板时节气门真的不开启，那就另外设有 ECU 控制其截面大小的旁通通道，让空气绕过节气门进入汽缸；另一种情况是，设有一个起着挡铁作用的顶杆，由 ECU 控制将节气门顶开，达到预定的位置，不踩油门踏板时，顶杆的位置决定了节气门最小的开启程度。

▼ 电子油门踏板

至于电子油门的汽油机，由于油门踏板与节气门之间没有直接的机械联系，即使不踩油门踏板也可以由 ECU 控制节气门开启到合适的程度。

（钱人一）

 ## 知识链接

汽车油门踏板使用方法

油门踏板的驾驶应以右脚后跟踏放在操纵室地板上作为支点，脚底板轻踏在加速踏板上，用踝关节的伸屈动作，踏下或放松。踏放油门踏板时，用力气要温和，做到轻踏缓抬。交通工具上坡时不能踏死油门踏板，用低速挡时，油门儿应踏下二分之一为宜。交通工具冲坡时，也不能将油门踏板踏到尽头。交通工具行走中若油门踏板踏下四分之三而引擎发动机仍不可以相应增加转速时，应换入低一级挡位，再踩下油门踏板施行加速。交通工具停驶、熄火前，应先松油门踏板，不能猛轰空油门儿。启动引擎发动机时，油门踏板不要踩到尽头，略高于怠速油门儿为好。开始走时，加油应略在分离器联动点之前为妥，油门儿开度取中小程度为佳。放松分离器要与踩油门儿关系近合适，动作快捷。运行中，应依据道路状况和实际需求增大或减小油门儿。

汽车的"守护神"

～～～～～～～～～～～～～～～～～～

　　随着人们生活水平的提高，汽车开始进入中国老百姓的家庭。但是购买汽车毕竟不是一件轻而易举的事情，保证汽车的安全，防止破坏或被盗，是每一个车主的愿望。这就是初次尝试到驾驶私家车喜悦的车主们，往往会不惜重金为爱车添置防盗装置的原因。

　　汽车防盗功能的内涵应包括以下几个方面。第一，防止发动机被非法启动；第二，防止汽车的操纵部件被非法操纵；第三，防止乘座舱和后备厢或发动机舱被非法闯入；第四，发生盗窃时向车主甚至直接向警方报警并提供其他相关信息。当然，并不是每一种汽车防盗产品都具备上述所有这些功能。

　　目前的汽车防盗器，有的是原配的，有的是后装的。按其结构与功能则可分为四大类：机械式、电子式、芯片式和网络式。总的发展方向是智能化程度较高的芯片式和网络式。机械式防盗装置通常是后装的，作为原配防盗系统的补充。原配的防盗系统可为电子式、芯片式或网络式，其中的电子式防盗系统也可以后装。

机械式防盗装置可以分为方向盘锁和排挡锁两大类。方向盘锁用于锁住方向盘。排挡锁与车身连接，用于限制换挡手柄的移动。机械锁的防盗作用有限，它与电子防盗系统并不相干，可以作为原配防盗系统的一种补充。

电子式防盗系统的原理是采用各种传感器对车辆的状况进行扫描，一旦发现异常就通过声光信号报警。有的还具有遥控和遥远显示作用。单向电子防盗系统的主要功能是：车身的非正常振动报警；非法开启车门、后备厢盖，或者打开发动机舱盖闯入的报警等，同时还兼有控制车门开关的功能。半夜突然听到扰人美梦的警报，但实际上并没有发生盗车现象，这往往就是防盗器过于灵敏所致。双向可视的电子防盗系统能够让车主了解车内实况，当发生报警时，遥控器上的液晶显示器会同时显示汽车发生的情况。此类系统的缺点是其有效范围只有 100~200 米，而且当车主用遥控器开关车门时，隐蔽的盗车贼可以用接收器或扫描器盗取遥控器发出的无线电波或红外线，解读它的电子密码，从而破解防盗系统。

芯片式防盗系统是目前汽车防盗器的发展方向，被汽车厂广泛地用于中高档轿车的原配防盗器，它由防盗电子控制单元 ECU（Electronic Control Unit）、防盗报警灯、发动机电子控制单元、点火开关中的阅读线圈、带芯片的点火钥匙和线束等组成。当使用带芯片的点火钥匙打开点火开关时，钥匙上的脉冲信号会通过阅读线圈传给防盗 ECU。防盗 ECU 将核对芯片中的密码，只有密码正确无误才能够通过审核。密码重码率极低，有的高级轿车上的密码由多达 21 位的数字组成。如果是合法的点火钥匙，防盗 ECU 将发出指令给发动机 ECU 使它开始正常工作；如果是伪造的点火钥匙（指按照原厂钥匙自配的钥匙，当然不会带有得到授权的芯片），防盗 ECU 将发出指令使发动机 ECU 闭锁，从根本上切断了发动机的电路和油路，发动机就无法启动，同时还发出报警的信号。即使盗贼自行将点火开关短路，其结果依然如此。一旦发生抢车案件，车主可以用力将芯片钥匙往地上或坚硬的物件上一摔，使芯片破碎，盗贼就无法将车开走了。车主要注意保护好原配钥匙，使之远离磁场，不要摔打钥匙，否则会损坏钥匙芯片，给车主自己带来麻烦。如果车主不慎将钥匙芯片损坏，就必须通过一定的手续请求特约维修厂重新配置钥匙。

中央控制门锁的主要功能是通过操纵一个门的锁来控制其他车门锁。防盗系统与中央控制门锁相结合，则防盗效果更佳。若有人试图利用其他方式开启车门，中央控制门锁检测感应器将会感知此信号，并输入防盗 ECU，启动报警程序。

已经有了原配防盗系统后，车主如果再加装防盗器，往往就会弄巧成拙。因为原配防盗系统是一个完整的系统，与车上相关的传感器、电子控制单元（ECU）和执行器等部件紧密结合在一起，形成一个系统。而后装的防盗器，特别是电子防盗器，往往必须外接一些线路，这就可能干扰原配防盗系统的工作。

网络防盗是指通过网络来实现汽车的开关门、启动发动机、截停汽车、汽车的定位以及根据车主的要求提供远程的车况报告等功能。网络防盗的主要好处是突破了距离的限制。目前，主要使用的网络有无线通信网络和 GPS（全球定位系统），后者应用最广。GPS 汽车防盗系统由安装在指挥中心的中央控制系统、安装在车辆上的移动 GPS 终端以及 GSM 通信网络组成，可以对车辆实行 24 小时不间断、高精度的监控。它接受全球定位卫星发出的定位信息，计算出受监控汽车的经度、纬度、速度和方向，并利用 GSM 通信网络的短信息平台作为通信媒介将定位信息传输回指挥中心。必要时还可通过闭锁发动机点火或启动系统达到防盗的目的。如果网络防盗系统与前述的电子防盗和芯片防盗系统相结合，汽车防盗的本领真是如虎添翼了。GPS 在汽车导航方面的应用将带动它在汽车防盗方面的应用。正是各种各样的防盗装置，成了汽车的"守护神"。

（钱人一）

吞噬燃油的"黑洞"

〜〜〜〜〜〜〜〜〜〜〜〜〜〜〜〜〜〜〜〜〜〜〜

　　燃油的化学能主要用于驱动汽车，这固然没错，但问题是到底有多少是用来发动汽车的，又有多少并没有被汽车所利用？

　　首先，燃料的一部分能量在发动机中就已经损耗掉了。汽车发动机是内燃机。内燃机是一种热机，燃料在汽缸中燃烧，释放出化学能，转换成热能，然后转换成机械能，对外做功。但是，燃料化学能转换成的热能在内燃机中只有一部分能够转换成为机械能，其余部分都在转换过程中损耗掉了。人们只能减少这种损耗，却无法绝对避免。此外，一部分燃料没有完全燃烧就随着废气排走了，这样的能量损失称为燃烧损失。发动机燃烧产生高温，必须用冷却介质（空气或冷却液）对发动机进行冷却，造成所谓的传热损失。进气过程所做的功不抵排气过程所消耗的功，由此引起泵气损失。气体流过进排气门和节气门等，必然伴随着能量的损耗，形成节流损失。此外，流过空气滤清器以及三效催化转化器等造成流动损失。实际的汽缸不可能完全密封，一部分高温高压的燃烧气体还没有来得及在膨胀冲程中做功就会泄漏，相应的能量损失称为泄漏损失。总的来说，实际内燃机的热效率超过 40% 就算是不错了。这是一种自然规律。

燃料化学能在发动机中即使转换成了机械能，也并不能完全用于驱动汽车，至少还要克服各种摩擦，由此所耗费的能量就叫作摩擦损失。驱动内燃机的辅助装置如冷却水泵、机油泵、空调压缩机、发电机和转向液压泵等所耗费的功，也应计入内燃机的摩擦损失。

在扣除了摩擦损失之后，剩下的这部分机械能才用来驱动汽车。发动机单位时间内发出的能用于驱动汽车的机械能称为发动机的有效功率。下面我们讨论发动机的有效功率又是如何被汽车消耗的。

汽车行驶过程中要克服各种不同的阻力。阻力乘上车速就是克服阻力所消耗的功率，等于发动机的有效功率。可以说，吞噬汽车燃油的"黑洞"，除了上述这些，主要的就是汽车行驶阻力。汽车的行驶阻力由四部分组成：轮胎的滚动阻力、整车的空气阻力、爬坡阻力和加速阻力。通俗地讲，任何车辆要想让它跑得快些

▼ 汽车爬坡阻力

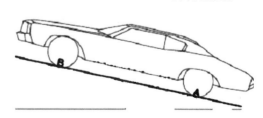

或者让它去爬坡，费的劲就大。这费的劲就是功率。

汽车重力通过各个车轮的轮胎传到地面上，由此形成轮胎上的载荷。载荷使轮胎发生变形，滚动阻力便是由汽车轮胎的变形引起的。对一个具体轮胎而言，它的滚动阻力等于该轮胎的滚动阻力系数与该轮胎所受载荷的乘积。滚动阻力系数与轮胎载荷没有太大的关系，但与轮胎品质、轮胎充气程度、汽车行驶速度、路面材质、路面的干湿程度以及是否积雪等因素有关。一般说，轮胎充气充足，轮胎气压上升，则滚动阻力系数减小。骑过自行车的人都知道，轮胎充气不足，骑车就特别费劲，但轮胎压力过高容易引发轮胎爆裂事故。车速对滚动阻力系数影响很大。当车速低于每小时 100 千米时，滚动阻力系数虽然随着车速提高而增加，但变化不大。车速超过每小时 140 千米时，滚动阻力系数增长较快。超过某一临界车速时，轮胎的滚动阻力系数陡增，且容易发生轮胎爆裂事故。同样的轮胎在不同的路面上，其滚动阻力系数可能有很大的不同：平整光洁的坚硬路面，例如高速公路路面，滚动阻力系数最小；碎石路面和卵石路面较大；沙砾路面最大。结冰和积雪路面的滚动阻力系数虽然超过沥青或混凝土路面，但是它与泥泞土路相比，其滚动阻力系数就小得多了。

汽车行驶时的空气阻力，一方面来自空气与高速行驶的车身之间的摩擦阻力，另一方面来自汽车行驶时车身前面与后面不同的空气压力所造成的压力阻力。在空气阻力中，摩擦阻力所占比例不到 10%。空气阻力与空气阻力系数、迎风面积和空气密度的乘积成正比。重要的是，它还与车速的平方成正比。为了使最大车速增大10%，需要增加的发动机功率远大于10%。

爬坡阻力是汽车在爬坡过程中汽车重力产生的平行于路面，但与行驶方向相反的分力，其数值等于汽车重力与路面倾斜角的正弦乘积。

加速阻力实际上并不是真正意义上的阻力，而是为了使汽车加速所必须施加的力。从客观效果上讲，这相当于对汽车施加了一个阻力，故称为加速阻力。根据牛顿第二定律，这个加速阻力等于汽车的质量和加速度的乘积（$f = ma$）。汽车越重，或者加速度越大，则加速阻力也越大。

汽车在水平路面上恒速行驶时，爬坡阻力和加速阻力就不存在了。随着车速的提高，与车速的平方成正比的空气阻力会迅速超过滚动阻力而占据主导地位。

根据以上分析可知，若要减少汽车燃油消耗，就要从提高发动机的效率和降低汽车行驶阻力这两方面去努力。

（钱人一）

汽车节能

～～～～～～～～～～～～～～～～～～

　　随着汽车逐渐进入家庭，人们对媒体上关于石油的信息开始关心起来了。国际形势的风云变幻，对石油的生产和运输有着直接影响。另外，由于石油资源的日益减少，油价的总体趋势必定是逐步上涨。有人估计，全世界所有的石油资源大约是 3 万亿桶，现已消耗 8 500 亿桶，相当于最终储量的四分之一，或者说大致相当于现已探明储量的二分之一。能源问题已经引起了全人类的关注。许多人一提起节能，首先想到的就是节电。夏天经常听到媒体提醒人们将空调温度提高 1 ℃，或者号召"人走灯灭"。这都没有错。但是，如果注意到汽车的能源消费约占世界能源总消费的四分之一这个事实，而且认识到汽车节能的巨大潜力，那么就一定会想到，汽车节能的效果会远远超出上述举措。

我国的石油资源与人口和国土面积不相适应。2017年进口原油已经超过 4 亿吨。今后这个数字还会有增无减。如果有一天早晨醒来，你发现对你来说昂贵的燃油费已经成为一项负担，甚至加油站根本就无油可加，大家就只能面对着大批"罢工"的汽车叹气了。其实，这里阐述的只是问题的一个方面。问题的另一个方面是，随着人类活动的增加，大气中的二氧化碳浓度从 1700 年的接近 280 ppm（ppm 的意思是一百万分之一）上升到了 2000 年的 350 ppm 左右，也就是说，最近 300 年间增加了四分之一。这个结果是科学家根据对采自极地地层深处的冰芯的分析研究得出的。二氧化碳是一种温室气体，它在大气中浓度的增加，使得整个地球日益变暖，这会给人类带来灾难性的后果。而且，大气中二氧化碳浓度的这种上升趋势在最近 50 年内变得越加急剧。大气中二氧化碳的排放有四分之一来自汽车！由此可见，汽车节能不仅仅是一个经济问题，而且已经涉及能源安全和环保问题。1997 年 12 月，149 个国家和地区的代表在日本召开的《联合国气候变化框架公约》缔约方第三次会议上通过了京都议定书，规定要大幅度降低温室气体的排放。2017 年欧洲汽车制造商协会提议：到 2030 年，相关各方将促使汽车的二氧化碳排放量比 2021 年减少 20%。目前，一些国产中高档轿车的油耗水平大致是它的 2 倍。美国于 1993 年 9 月启动的 PNGV（"新一代汽车伙伴"项目）制定目标是，在 10 年内通过提高发动机能量转换的效率、汽车轻量化等措施，开发出能耗只及原先三分之一的轿车。德国最节能的商品化柴油轿车，每百千米油耗还不到 3 升。

根据上述分析可知，若要减少汽车燃油消耗，就要从提高发动机的能量转换效率和降低汽车行驶阻力这两方面去努力。

千方百计提高发动机的能量转换效率或简称效率，说得通俗一点就是更加省油，这是汽车制造商的头等重要任务。从根本上说，提高发动机的效率首先要从改进燃料的燃烧方法着手。现代轿车柴油机的效率比传统的汽油机高出 20％至 25%。汽油机降低油耗的措施，首先是实行稀薄燃烧，就是空气过量的燃烧，其次是取消节气门。近年来在欧洲开始推出的汽油直喷（GDI）发动机（例如德国大众汽车公司的 FSI 发动机）就能够实现这两点。GDI 的热效率正在逼近柴油机，但还是低于柴油机。对于传统的非 GDI 汽油机来说，可以通过其他方法革除节气门，以减少泵气损失。这项技术将使汽油机的油耗进一步逼近柴油机的水平。

提高发动机效率的重要途径之一是提高它的负荷率。所谓负荷率，就是指在某一个确定的转速下发动机的实际功率和它在相同转速下的最大功率的比例。这无论对于汽油机还是柴油机都适用。比较一下小排量（如 1 升）的小型轿车和大排量的豪华轿车（如 3 升，甚至可达 6 升）的燃油经济性，小型轿车的最高车速也许只及豪华轿车的一半，其发动机额定功率仅为豪华轿车的十分之一。但是，在城市低车速行驶的时候，两者消耗的功率相差并不悬殊，用微型车的发动机去驱动豪华轿车也未尝不可。但是此时豪华轿车的发动机处在"大马拉小车"的情况，其油耗注定要比微型轿车高得多。

怎样才能做到既能达到很高的车速，又能提高低车速时发动机的负荷率呢？办法就是缩小发动机排量（Downsizing），以提高低车速时的负荷率，降低油耗，同时采用增压技术来补足高车速时的功率缺口。增压技术在柴油机中早已司空见惯，在汽油机中尚待普及。汽油机增压容易引起非正常燃烧，即所谓爆震。为了避免爆震，从而充分发挥汽油机增压的好处，可以采用可变压缩比技术，在高增压程度的时候降低压缩比。另一方面，如果在城市行驶时设法让六缸及六缸以上发动机的一部分汽缸停止工作，同样可以达到节能的目的。这些技术都已经商品化了。

从整车方面来看，可通过缩小车身迎风面积、降低空气阻力系数和减轻汽车重量来节能。降低空气阻力系数主要通过车身的优化设计达到。

当前，以内燃机作为动力的汽车，最新、最有效的节能手段是采用混合动力。

（钱人一）

汽车"减肥"

～～～～～～～～～～～～～～～～～～～～～

　　肥胖人士想要苗条的身材，就要设法减轻体重，此所谓"减肥"。汽车也有"减肥"之说，专业人士管它叫"轻量化"，就是减小汽车自身质量。未来 10 年，汽车自身质量平均将减重 20%（2013 年数据）；轿车自身质量将从目前的 1 300 千克左右降至 1 000 千克以下。人体减肥可以减轻心脏负担，减少疾病，汽车轻量化有什么好处呢？

　　汽车自身质量每减少 100 千克，每百千米油耗可降低 0.3 至 0.6 升，汽车通过轻量化节能的潜力不可低估。汽车轻量化可节省材料，降低成本；轻量化还可提高汽车动力性。

　　汽车轻量化的途径，不外乎选用轻质材料、优化设计、简化结构和改进工艺等。对一个具体零部件实施轻量化的策略，往往是双管齐下，甚至"多管齐下"。

传统的汽车材料主要是金属，尤其是黑色金属——钢和铁。现在越来越多的零件开始用密度较低的塑料，其次是用铝合金甚至镁合金代替钢材。即使仍采用钢材，也不再是传统的钢材。各种材料之中，最新的是碳化纤维。

据预测，未来十年内汽车用的材料所占百分比将会发生如下变化：

材　质	钢　材	塑　料	铝合金	镁合金	其　他
当　今	52%	13%	8%	0.2%	26.8%
十年后	45%	17%	10%	1%	27%

汽车轻量化的首选目标是车身（指构成车厢的壳体、车顶、后备厢、车门和仪表板等）。铝合金车身重量约为传统钢车身的50%。镁合金车身、纤维增强塑料（FKV）车身和新型高强度钢车身的重量为传统钢车身的40%左右。

塑料的特点是抗冲击性能好。用纤维增强塑料制造车身能达到设计所要求的抗疲劳强度，质量比钢车身减轻60%，但成本较高。随着塑料车身的普及，其生产成本将接近钢车身。

塑料结构部件已经取代发动机上传统的铝结构零件，主要用于空气管道和液体管道。近年来，塑料已能用于制造发动机中高温和高压的零部件。此外，与铝合金相比，塑料价格低，加工工艺性能好，所用刀具的寿命大幅度延长。并且，塑料易于实施回收。

铝合金的密度约为钢的三分之一，还不生锈，但铝合金的成本约为钢的两倍。国外十几年前就已经开始采用铝合金制造承载式车身骨架，更多的车厂使用铝合金制造车轮、汽缸体、副车架、车身结构板块、制动（刹车）油缸、车轮、变速器壳体和悬架摇臂等零件。铝板还可以用作钢车身骨架的包覆材料。

在前撞试验中，用铝合金骨架制成车身的汽车碰撞后车门仍能很轻快地打开。铝合金车身骨架的强度和安全性是不容置疑的。

铝合金零件中，还带有非铝质的衬套、螺栓等，必须拆卸，回收成本较高。

为了进一步减轻车身质量，最新的铝质车身制造工艺已采用承载式铝板材——所谓的"三明治"式的板材，其特点是在两层薄铝板之间充填由极薄的铝箔制成的波形板。这种板材的强度极高，甚至可用作车门和地板。此外，其降噪、减振及保温性能都不错。

目前，最有前景的车身材料为泡沫铝材，其密度仅为水的十六分之一，且强度更高，工艺性也极好，能较好地吸收碰撞能量，不仅可制造车身零件，而且可制造保险杠、车身覆盖件及两个车门之间的门框及其他底盘零件。国外一般采用粉末冶金法生产泡沫铝材料。

镁的密度不到铝的三分之二，强度却与铝不相上下。镁的铸造性能优于铝，用于制造车身板材或仪表板支架等。

当然，钢铁行业在汽车轻量化方面也不示弱。从 20 世纪 90 年代起，全球钢铁行业开展了一系列通过钢材生产技术的创新来减少汽车质量的研究，目标是轿车整车达到欧洲Ⅳ号排放法规要求（我国目前达到欧洲Ⅱ号），二氧化碳排放量≤140 g/km，相当于汽油车每百千米 5.8 升，或

▲ 铝合金车身

者柴油车每百千米 5.3 升的油耗水平。为此，钢铁厂一方面要提高汽车钢板的强度，降低自身质量；另一方面还要研究用户在加工过程中的成形技术。例如，用很高压力的水压机将车身板块压制成形，克服了冲压工艺造成的板块受力不均问题，从而避免了成形后的板块厚薄不均问题。

碳化纤维密度小，强度和刚度高，用它制成的车顶重量仅为 5 千克，是普通钢制车顶的一半；用它制成的车身比铝合金车身轻 30%。碳化纤维还用于制造发动机的后罩、尾部扰流板和保险杠。用它制造的保险杠可以吸收发生碰撞时所释放的能量。碳化纤维的加工工艺性能非常好，适合于加工外形复杂和大尺寸的零件。最大的缺点是售价高昂。

混合材料的芯部用钢或铝薄板冲压而成，然后用注塑工艺使之包在塑料中，实际上是一种复合材料，其外表具有塑料的特征和优点，用它制成的零部件的综合性

能远远高于单一材料制成的零部件，可用作轿车前端部的框架模块，比钢制件轻 40%。还可制作车身的覆盖件，如车门、仪表板支架等等。

为了实现轻量化，除了采用轻质材料以外，设计、结构和工艺方面的措施同样十分重要。例如，与 32 年前相比，一台四缸柴油机的功率提高了一倍，其连杆锻件毛坯的重量却降低到 0.8 千克左右，只有原先的三分之二。这完全得益于优化产品设计、革新锻造工艺和采用高性能材料。过去发动机采用实心的整体式凸轮轴，如今出现了空心的组合式凸轮轴，就是先用粉末冶金工艺或其他方法生产单个的凸轮，然后用特定的工艺将单体凸轮精确地"装到"空心的钢管上去成为凸轮轴，使凸轮轴质量减少了三分之一到二分之一。

（钱人一）

汽车"杀手"

～～～～～～～～～～～～～～～～～～～～～～～

　　若干年以前，大家只是对蒸汽机车的滚滚浓烟或者柴油发动机排出的黑烟比较畏惧，认为它们对人体的健康有害，而对汽车发动机排放的废气却是掉以轻心。曾经在电影中出现过这样的故事情节：作案人将被害人塞入轿车的后备厢中，然后让轿车怠速（松开油门踏板，挂上空挡，汽车停住，发动机运转），用一根管子将排气管排出的废气送入后备厢，被害人不久就会死亡。这个情节告诉我们，汽车废气其实是一名"杀手"。

　　汽车污染物质的排放并非从一处来。首先是汽车尾气；其次是通过活塞和汽缸壁之间的间隙泄漏的汽缸内燃烧后产生的高温高压废气；第三是汽油箱和加油站挥发的汽油蒸汽；最后是汽车涂料和内饰件散发出来的有害气体。汽车尾气含有对人体健康极其有害的成分。汽

油机尾气中，碳氢化合物（HC）是致癌物质；一氧化碳（CO）是城市发生炉煤气的主要成分，它与血红蛋白相结合能够使血液失去输氧能力，迅速置人于死地，它还会引起心血管疾病；氮氧化物（因由多种成分各不相同

▲ 汽车尾气排放

的氮氧化物组成，故用 NO_x 表示）损害呼吸系统。

现代汽油机的排气系统中设有一个三效催化转化器，其直径约有碗口大小，内有易碎的陶瓷载体，布满 1 毫米大小的细孔，在上面，涂敷有铂、铑和钯等贵金属催化剂，它能同时使 HC、CO 和 NO_x 这三种有毒有害物质转变成无毒的水、氮气和 CO_2，故得名"三效"。

我国法规规定，出厂的轿车都必须满足欧洲 II 号排放法规的标准。为此，必须装备三效催化转化器。为了使上述三种有毒有害物质都得到最大净化，还必须严格地将汽缸内空气和燃油的质量比控制在理论当量燃烧的空气与燃油比上，就是 14.7 千克的空气配 1 千克燃油。只有通过燃油定量电子控制才能实现这个目标。为此，在排气管上设置一个氧传感器，计算机根据它所反馈的信号调节燃油量，这就是燃油定量闭环控制。

三效催化转化器只有在 350 ℃以上才能完美地发挥净化转化作用。刚起步时需要采取一些加热措施才能使三效催化转化器迅速地热起来，但温度太高了容易使催化剂老化，甚至使陶瓷载体熔化烧结而失效。三效催化转化器本身怕化学中毒，特别是怕铅中毒。燃油箱中只要一次加入含铅汽油，三效催化转化器就会永久性地失效。这样，对环境保护极其有害。

▲ 催化转化器

柴油机因其燃油和工作过程与汽油机不同，尾气所含的 HC 和 CO 比较少，NO_x 比较多。在柴油机的排放物中，最可怕的是微粒物，其化学成分主要是碳、硫以及来自燃油和润滑油的固体燃烧产物。大颗粒的微粒物用肉眼就可以看见，那就是碳烟，它虽然令人厌恶，但是对健康的损害倒比较小；小颗粒的微粒物直径可小于 2 微米，不为肉眼所见，但恰恰是它，如果被长期吸入会引起肺癌。微粒物排放已经成为柴油机作为节能的轿车动力装置在世界范围内推广的拦路虎。对付这种微粒物，要用微粒物捕集器，实际上是一种微粒物过滤器，能将 90% 以上的微粒物过滤掉。柴油机尾气后处理系统比汽油机更复杂。

解决尾气排放问题，最重要的手段是电子控制。有人以为，采用所谓的"清洁燃料"就可以解决排放问题，这是一种误解。

除了有害气体以外，汽车带给人类的另一灾难是噪声。汽车噪声主要包括发动机噪声、车身振动噪声、悬架噪声、轮胎噪声和空气动力噪声。发动机噪声首先是燃烧噪声，由汽缸内的燃油燃烧所致。此外，发动机运动部件会引发机械噪声；发动机中气体的流动如排气管尾气的排出，会引起空气动力噪声。电子控制和机械手段可以使发动机噪声得到控制。

汽车变速器中的齿轮运转和悬架的动作都会引起噪声。轮胎的摩擦、振动、变形和对空气的挤压引起的轮胎噪声是车外噪声的主要来源之一。车身振动、变形、挤压和车门松动，以及车门连接螺栓脱落，或者螺栓等连接件落入到车身的空心立柱内等都可能成为噪声的来源。车身穿过空气形成的涡流和紊流同样是一种空气动力噪声。汽车噪声随着车速的提高而增强。

对发动机、车身、底盘、轮胎等进行优化，及时保养维修以及采用隔声和阻尼材料可以全面降低汽车噪声。

由此可见，当汽车发展到一定水平，废气的多少和噪声的大小，可能就是衡量汽车质量的重要参数。

（钱人一）

电动汽车和"氢经济"

~~~~~~

　　既然汽车带来了环保、能源等许多问题，是否能制造出既不依赖石油资源，又不污染空气的汽车呢？答案早就有了，那就是电动汽车。

　　开发电动汽车的目的是：提高燃料经济性和降低CO_2排放；减少大气污染；降低对石油资源的依赖，实现能源多样化。因为电力的生产，除了依靠石油以外，还可以利用核能、风能、生物能、太阳能、潮汐能以及地热等能源。

　　电动汽车可以分成三种类型：纯电动汽车、燃料电池汽车和混合动力汽车。

　　纯电动汽车实际上就是俗称的电瓶车。这种汽车事先通过充电将电能储存在随车的蓄电池或其他电能储存装置内，然后通过电动机驱动汽车。

燃料电池汽车就是完全由燃料电池供电，通过电动机驱动的汽车。

混合动力汽车就是其动力装置由内燃机和电动机共同组成的汽车。

这三种电动汽车，只有混合动力汽车还需要内燃机作为动力装置。

除了纯电动汽车以外，另外两种电动汽车都自带燃料，必须备有燃料储存装置。

除此以外，太阳能汽车其实也是一种电动汽车。

电动车有一个共同的特点，就是除了普通汽车的电瓶以外，还需要容量巨大的储能装置，它可以是飞轮储能器、超大容量电容器或动力蓄电池。其中最常用的是动力蓄电池，其电压可高达 300 V 左右，远远超出常用汽车电瓶。目前，流行的用作动力的蓄电池是镍氢电池和锂电池。

纯电动汽车近年来在一些发达国家纷纷遭到冷遇，其原因首先是连续行驶的里程不够，电池体积和重量过大，快速充电难以解决以及充电站的基础设施投资浩大等。如果有朝一日这些问题得到解决，纯电动汽车其实是一种不错的选择，其中的关键技术还是电池。

混合动力汽车的发动机通常工作在一个狭小的、具有最大效率的转矩和转速范围内，这是它节能的主要原因。此外，松开油门踏板让汽车减速时，平时驱动车轮的电动机可以用作发电机，利用汽车的惯性倒过来驱动它发电，将能量回收到动力蓄电池内，同时达到制动的

目的。混合动力车按
其结构分成串联式、
并联式和混联式。串
联式混合动力车的发
动机只能将动力输送
给发电机发电，不能
直接驱动车轮。发电
机向驱动车轮的电动
机供电，多余的电力
送到动力蓄电池储存
起来。动力蓄电池储

▲ 宝马公司的氢气内
燃机轿车

满电能以后，发动机停车。并联式混合动力车的发动机
和电动机可以单独驱动车轮，也可以共同驱动车轮。混
联式混合动力车结合了串联式和并联式的特点。

　　轿车动力装置的发展方向是燃料电池，但在过渡时
期内混合动力车会得到长足的发展。

　　燃料电池汽车的关键部件是燃料电池、动力蓄电池、
驱动电机、DC/DC 全桥转换器（用于利用其电流和电压
随温度而起伏不定的燃料电池形成稳定的、可控制的直
流电源）和电子控制系统。

　　燃料电池是一种将化学能直接转变成电能的电化学
反应装置，能量转换效率可达 40% 以上，它本身的工作
过程几乎没有污染，不需要充电，而且非常安静。

　　燃料电池通常由具有许多孔隙、可以渗透的阳极和
阴极以及将它们联在一起的电解质组成。依据电解质

的不同，可以分为碱性燃料电池、酸性燃料电池、质子交换膜燃料电池、熔融碳酸盐燃料电池和固体氧化物燃料电池五种，其中最适合于电动汽车的是质子交换膜（PEM）燃料电池（FC）。

1839年，英国法官威廉·罗伯特·戈罗夫发现，若在具有渗透性的薄膜的一侧提供氢，在另一侧提供氧，那么，氢原子会放下一个电子成为质子，带正电的质子又被另一侧带负电的氧原子所吸引，越过薄膜到达另一侧，化合成水分子。于是，在薄膜的两侧分别形成负电和正电，可以经由外接电路形成电流。这种装置就是所谓的"质子交换膜燃料电池"的雏形。这项发现过了一百多年之后，直到1965年才被用于美国的阿波罗登月计划。

除了其他技术问题以外，降低极板和质子交换膜的生产成本，减少铂催化剂的用量，是PEM燃料电池开发的重点。近年正在这些方面取得明显的进步。

燃料电池的直接燃料是氢。通过对水进行电解可以产生大量氢，甲醇和汽油也可以给燃料电池提供氢，其输送储存问题较易解决。

氢在燃料电池汽车上储存的方法有三种：第一，以气态装在高压容器中；第二，以液态储存；第三，使得氢与金属镁或金属钒进行化学反应，形成储氢金属。

甲醇和水混合、蒸发，经过车载设备转化为氢气和二氧化碳气体。甲醇虽然储存安全，可以从我国丰富的煤炭资源中得到，但是从甲醇提取氢的过程对纯净度和转化温度有很高的要求，且甲醇有毒。

从汽油提取氢的技术是 1997 年 10 月由美国能源部和一家公司共同开发成功的，此项技术可以利用现成的燃料输送储存系统，但是技术较难实施。再说，还是要依赖石油资源。

可以说，将来燃料电池车能否普及，很大程度上取决于氢的制取和输送储存问题如何解决。这需要庞大的基础设施，是全社会的一个系统工程，也是一个新的经济增长点。现在已经有人在谈论"氢经济"这个话题了。

（钱人一）

正确认识氢经济

人们通常把能源危机与燃料短缺联系在一起，其实，能源或能量（energy）和燃料（fuel）是两个不同的概念。氢作为一种燃料只是饱含着能量，因而成为能量的载体。这种能量不是自行产生的，而是人为地赋予的。因为自然界中不存在可以用于商业用途的天然氢，而制备氢的过程要耗费能量。含氢的化合物如天然气（主要成分为甲烷 CH_4）、汽油和甲醇通过化学处理可以获得氢，但是这些化合物非但含氢，而且含碳。我们要把氢从中分离出来，不仅要耗费能量，还会产生温室气体 CO_2。对水进行电解可以获得氢，在此过程中不产生CO_2，但是也要耗费能量。这些能量如果不是来自矿物燃料的话，那就只能依赖于水力、风力、地热、太阳能以及核能。此外，电解水还要消耗大量的水，而地球上不少地区的水资源本来就已经相当紧缺。由此可见，不能对氢经济寄予不切实际的期望，或者以为进入氢经济时代就没有能源问题了。

刹车也有危险

～～～～～～～～～～～～～～～～～～～～～～～

在刑侦片中经常看到这样的情节：由于汽车的制动（刹车）系统遭人破坏，汽车从悬崖上滚落下去，酿成车毁人亡的惨剧。在道路交通中，如果制动系统失灵，还可能导致碰撞事故。公众由此得知汽车制动的重要性。那么，制动的危险在哪儿呢？

车轮制动本质上就是在车轮上施加一个摩擦力矩。现在常用鼓式制动和盘式制动。鼓式制动就是在汽车轮毂上连接一个与轮毂同轴旋转的鼓形零件，称为制动鼓。制动时，在制动鼓内侧的制动蹄片受力张开。鼓式制动浸水后制动效能受到较严重影响，且不利于散发制动时因摩擦产生的热量。盘式制动用一个金属制动盘代替制动鼓随同轮毂旋转。制动时位于制动盘两侧的制动块（组成制动钳）同时压向制动盘产生摩擦。盘式制动易于散发热量。

作为制动器的制动压力，现在通常采用气压或液压力。气压力，由空气压缩机产生；液压力，通常由人踩下制动踏板将力施加在液压系统中产生。在真空助力装置中，用一张薄膜将一个容器分成两个空腔，其中一个连通大气，另一个是真空腔。于是，利用大气压力与真空度之间的压力差可以帮助产生更大的制动压力。

也许有人以为，踏板力越大，则制动器的制动压力越大，制动效果越好。其实不一定。制动时，车轮在路面上既滚动，又滑动。随着制动压力的增加，车轮滚动的成分越来越少，而滑动的成分越来越多。只有当滑动的成分达到适当的比例时，制动力才能达到最大值。这个最大制动力与路面材质和是否积水、积雪等有关。如果制动器的制动压力太大，以致车轮被制动器抱死，它在路面上便只有滑动没有滚动，此时制动力十分有限。如果前轮抱死，汽车无法转向，只会一直向前滑行；如果后轮抱死，就容易发生侧滑、甩尾。山区坡道上的恶性交通事故多数与这类问题有关，特别是在积雪路面上紧急制动时。为此，人们开发了 ABS 系统。

防抱死制动系统（ABS）最早出现在 1978 年。电子控制 ABS 通过轮速传感器和车速传感器监测车轮的滑动情况。一旦出现车轮抱死的迹象，立即开通 ABS。此时，电子控制单元（ECU）通过控制制动油的接通与切断，令制动器相应地收紧和放松，周而复始，来防止车轮抱死。如此则汽车始终处于将抱死而又不抱死的间歇

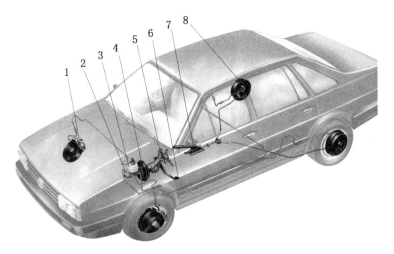

滚动状态，使制动力保持在最大值，实现最佳的制动效果。熟练的驾驶员在没有 ABS 的汽车上紧急制动时会采取间歇踩下和松开制动踏板的操作方法，俗称"点刹（车）"。但是，在装有 ABS 的车上，你一旦踩下制动踏板，就要一脚踩到底，不要犹豫不决。剩下的事可以放心地交给 ECU 去管。

　　ABS 消除了制动时轮胎与路面的摩擦噪声，同时可节省汽油和延长轮胎寿命。许多国家已经将 ABS 法定为车辆必须配备的标准配置。按照我国国家标准，最大总质量超过 12 吨的旅游客车等车辆必须安装 ABS。

　　高速行驶中的车辆具有惊人的动能。制动时，这些动能转变成的热量如果不及时散发出去，将会使制动系统的温度急剧升高，损害制动性能和制动系统本身。大客车和货车的质量大，动能大，温度的升幅也大。因此除了常规的行车制动系统以外，还需要辅助制动系统，

▲ 轿车制动系统
1—前轮钳盘式制动器；2—制动主缸；3—制动液储存罐；4—真空助力器；5—制动踏板支架；6—制动踏板；7—驻车制动操纵器；8—后轮鼓式制动器

主要是排气制动系统和电涡流缓速器。

　　排气制动系统是在发动机排气系统中加装一个阀门。制动时阀门关闭，发动机断油，变速器挂上一个前进挡，汽车通过车轮、传动系统和离合器带动发动机曲轴旋转。发动机的压缩冲程本来就是耗功的，由于排气管道堵死了，原先的排气冲程也成了耗功的压缩冲程，使汽车得以消耗更多的动能。柴油机的压缩比比汽油机大一倍左右，排气制动效果更佳。

　　电涡流缓速器由定子和随同车轮旋转的金属转子组成。制动时，电流流过定子的励磁线圈，产生磁场。金属转子切割磁力线，一方面形成阻力矩，起到制动作用；另一方面在金属盘中产生涡流，使汽车的动能转变成热能。

（钱人一）

汽车转向的奥妙

～～～～～～～～～～～～～～～～～～～～～～～～～～

　　凡是车辆，都要转弯，或称转向。

　　车辆转向，通常要让前车轮绕着竖直轴线转过一个角度。骑自行车的人只要将手把一转，前轮就转过来了。汽车是怎样转向的呢？有人会说，那还不容易，把方向盘转一下就行了。没错。可是，转动方向盘为什么就能够将飞速旋转的汽车前轮转过来呢？

　　还是先从车轮和前桥说起吧。车轮是连同轮毂一起旋转的，轮毂就是车轮的中心部分，轮毂通过轴承装在一根水平的"前轴"上。"前轴"是不转的。只要前轮上的这根"轴"在水平面上，绕着竖直轴线（而不是绕自身的水平轴线）"扳"过一个角度，不就可以将前轮转过来了吗？为此，这个支承轮毂的水平"轴"必须与一个其轴线竖直的套筒做成一体，成为接近直角的形状，它不能绕水平轴线转动。严格地说，前轴不能叫作"轴"，而应叫作"转向节"。转向节通过一根接近于竖直位置的主销与前梁铰接。车轮、转向节、主销和前梁构成了前桥的主体。转动方向盘就能利用拉杆从水平方向拉动转向节的竖直部分，使转向节绕着主销旋转，这就解决了前轮转向的问题。

如果这个前轮是从动轮，也就是跟着转，本身是没有动力驱动的车轮，事情就到此为止了。但是，现代轿车大多数是由前轮驱动的，换句话说，发动机的动力要通过一根绕水平轴线旋转的轴带动前轮轮毂旋转，而转向节上的水平"轴"又是不能旋转的，怎么解决这个矛盾呢？办法是，将转向节上那根支承轮毂的水平"前轴"做成空心的，里面穿过一根传动轴，将动力传递给轮毂。同一个前轮的传动轴分成两段，分别与轮毂和动力系统连接，中间用一个叫万向连轴节的装置连接起来。这样的前桥叫作"转向驱动桥"。所谓万向连轴节，就是能够

1—转向盘；2—转向轴；3—转向万向节；4—转向传动轴；5—转向器；6—转向摇臂；7—转向直拉杆；8—转向节臂；9—左转向节；10、12—梯形臂；11—转向横拉杆；13—右转向节

▼ 机械转向系统

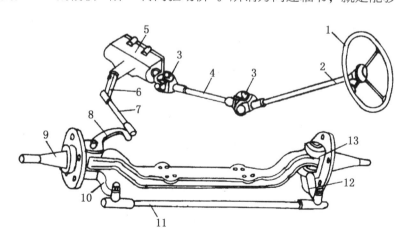

在不成一直线的、相对位置随意的两根转轴之间传递动力的部件。

通过方向盘拉动拉杆，带动转向节的系统叫作转向系统。汽车转向系统可分成机械转向、液力转向和电动转向系统。机械转向系统纯粹依靠体力拉动拉杆；液力转向系统兼用体力和液压力；电动转向系统则完全依靠电动机拉动拉杆。

机械转向系统要求驾车人付出很大的体力，大型货车上尤其如此。液力转向系统可以减轻驾车人的体力劳动，它由液压缸和一个由发动机驱动的液压泵组成。这种系统哪怕不转向时都要耗费能量。为了降低发动机的油耗和排放，人们开发了电子控制的电动转向系统，这是一个独立于发动机的系统，其动力直接来自蓄电池。电动转向系统装有方向盘转角传感器，该系统的电子控制单元根据转角传感器的信号确定如何操纵转向系统。

说到这里，前轮是转过来了，好像转向就不会有问题了。但是，从转过前轮到车身跟着转过来，还要解决一个转向力的问题。

当前轮在制动中抱死时，轮胎在路面上做纯粹的滑动，附着力极小，还不足以提供足够的制动力，更谈不上转向力，所以汽车就失去了转向的能力。对策是防抱死制动 ABS。

与此类似的另一种情况是车轮空转打滑，那是因为附着力小于输送给车轮的转矩所能提供的驱动力，汽车也失去了转向的能力。对策是防滑调节 ASR 或牵引力控制系统 TCS。

汽车的两个前轮总是有一点向外侧倾斜，这可不是因为装配时出了差错，而是故意这样做的，叫作"前轮外倾"，这样有利于使转向的前轮恢复到直线行驶的位置。前轮的外倾，会增加轮胎的磨损。为了减轻和消除这种不良后果，两个前轮在外倾的同时，其前端还略比后端束拢一些，叫作"前轮前束"。

任何车辆转向时，都有一侧车轮走外圈，另一侧车轮走内圈。经过同样的弧度，外圈比内圈的路径要长一些。为了解决这个问题，运动员在田径场上比赛的时候不能在同一条线上起跑，但是汽车的左右车轮必须在同一条线上"起跑"，外圈的车轮比内圈的车轮转得快一些。对于从动轮来说，这样做毫无困难，但是，对于驱动轮来说，只要左右驱动轮都是由同一根传动轴驱动的，就没有办法做到这一点。为了解决这个问题，人们采用了差速器。所谓差速器，顾名思义就是使左右驱动轮的转速发生差异。来自变速器的动力经过差速器之后分成两路，通过左右两根传动轴分别驱动左右车轮。差速器通常由差速器壳、行星齿轮和半轴齿轮组成。动力总成通过传动轴带动差速器壳。差速器壳通过装在它里面的行星齿轮轴和两个行星齿轮带动两个半轴齿轮连同半轴旋转。半轴再进一步通过前面提到的万向连轴节驱动车轮轮毂。当汽车直线行驶时，左右两个车轮的转速相同，差速器壳和左右两个半轴齿轮三者的转速相同；行星齿轮只有公转，没有自转。当汽车转向

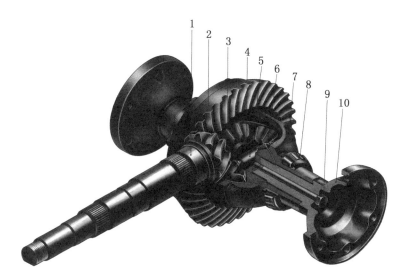

时，外侧车轮和相应的半轴与半轴齿轮都比内侧转得快一些；差速器壳的转速低于外侧半轴齿轮，但高于内侧半轴齿轮的转速，外侧和内侧半轴齿轮转速之和等于差速器壳转速的两倍，此时行星齿轮不仅有公转，而且有自转，但转速不大。

差速器传输给左右两个半轴齿轮和半轴的转矩是相等的。当一侧的驱动轮在泥泞路面上打滑时，该驱动轮的转矩非常小，另一侧驱动轮的转矩只能同样地小，根本就不足以驱动车轮。通过将差速器锁死成一个整体，可以解决这个问题。

（钱人一）

▲ 轿车差速器
1—差速器动力输入轴（带主动锥齿轮）；2—从动锥齿轮；3—差速器侧齿轮；4—防转螺母；5—行星齿轮轴；6—行星齿轮；7—差速器壳；8—圆锥滚子轴承；9—凸缘轴螺栓；10—凸缘轴

当碰撞发生的一刹那

~~~~~~

　　一辆崭新的豪华轿车停放在宽敞明亮的试验大厅里。大厅里伫立着数百名观众，屏息静气地等待着观看即将发生的事情。一声令下，牵引装置带着这辆轿车开始加速，很快就达到了规定的速度，然后以恒速向前冲去，直到最终一头撞到了一座钢筋混凝土筑成的实体墙上。刹那间，崭新的豪华轿车变得面目全非。"坐"在车内供试验用的假人，身不由己地向前冲去，安全气囊及时打开，采集数据的装置将假人身上的各种传感器发送的各种数据采集下来，摄像机将这一切都记录了下来……

　　这是发生在我国某国家汽车检测中心碰撞试验室中真实的一幕。

　　为了保障生命安全，各大汽车公司都在绞尽脑汁，不断地改进安全技术。汽车安全技术分为两大类，一类是主动安全技术，另一类是被动安全技术。所谓主动安全技术，就是防患于未然，使汽车不要发生事故。ABS 等就是属于这一类。当然，此外还有别的主动安全技术，如防撞雷达。

▲ 汽车碰撞

被动安全技术的第一道关就是汽车车身的防撞性能。现代的车身设计理念将一个整体的车身分为撞击时吸收冲击能量的"冲击溃缩区"及确保乘员生存空间的"高强度座舱区"。设在车头和车尾的冲击溃缩区吸收了撞击时释放出来的动能，可以减少座舱的变形；而高强度座舱区的设计则着重于提高结构的刚性，并分散从冲击溃缩区传递过来的能量，避免集中在一起伤害乘员。现代轿车普遍采用的承载式车身（又称一体式车架），在车头发动机舱区域内加装副车架。论其功用，除了支撑发动机以外，一方面对承载式车身本身的刚度有好处，另一方面还可以吸收撞击能量。

被动安全技术的第二道关就是安全带和安全气囊。过去，许多人坐上轿车前排座椅后没有系好安全带的习惯。现在，《中华人民共和国道路交通安全法》明确规定，上述行为属于违法。一旦发生碰撞，座椅连同汽车急剧减速，而坐在前排的乘客就可能因为惯性而向前冲去，脑袋正好撞在挡风玻璃上，甚至冲出挡风玻璃，脖子会卡在玻璃上。如果乘客系好了安全带，情况就完全不同了。当发生碰撞、乘客急速地向前冲出的时候，安全带能够把乘客留在座椅上。其实，安全带是最省钱、性能/价格比最佳的安全装置。

传统的安全带只是被动地阻挡乘客向前冲出，不能主动地用力把乘客固定在座椅上。现在已经有一种能够在发生碰撞的一刹那利用炸药爆炸产生的力量主动地将安全带拉紧，把乘客固定在座椅上的安全带了，其效果更好。这种新式的安全带是由电子控制的，需要加速度传感器来判断汽车的减速度（应当看作负的加速度）是否超出了正常的取值范围，以便决定是否要触发安全带驱动装置中的炸药爆炸。

当然，大家都知道，还有比安全带更加高级的东西，那就是安全气囊。安全气囊同样需要车身的加速度传感器，如果它检测到突然发生的减速度，安全气囊的电子控制单元（ECU）就会点燃化学药剂，产生大量的氮气，使原本隐藏在方向盘里面或者仪表板后面的安全气囊充气，气囊弹出，使人体不至于撞到挡风玻璃上。这一切都发生在二十分之一秒钟的时间内，真正比一眨眼的工夫还要快。安全气囊必须尽快地打开，并且要有力，才能有效。

安全气囊挽救了许多人的生命，但安全气囊也存在一些问题。例如，安全气囊在低车速发生碰撞时也会打开；不论乘员是否偏离座椅，是否系好安全带，也不论体重如何，安全气囊都一律对待，等等。这样，安全气囊打开时它本身也可能对乘员造成伤害。

紧挨着方向盘的人最容易被打开的安全气囊伤害。儿童也容易被打开的安全气囊伤害。12岁以下的儿童应当坐在后排座椅上，系好安全带。不要让儿童坐或站在靠近仪表板的地方。切莫将朝向后面的婴儿座椅装在有安全气囊的座椅上，因为一旦安全气囊打开，就会将婴儿座椅压入到椅背上。

智能型安全气囊系统根据传感器测到的乘员体重、身高、就座状况、是否系好了安全带、碰撞的程度、碰撞速度、碰撞方向等信息提供双级的安全气囊，或者令安全气囊不打开，这样可大大减少安全气囊伤人的事故。例如，对于体重较轻的乘员，或者碰撞不很激烈时，安全气囊只打开70%；对于儿童，则不打开；碰撞激烈时全部打开。

除了前座安全气囊以外，还有后座安全气囊和侧向碰撞的安全气囊也都已经商品化。看来，我们乘坐汽车是越来越安全了。

（钱人一）

向导兼保安的 GPS

~~~~~~

　　GPS 是美国军方开发的，在 1991 年海湾战争中首次使用。它由空间部分、地面部分和用户部分组成。空间部分由包括三颗备用卫星在内的 24 颗距离地面约 20 183 千米的卫星组成，它们均布在 6 个近圆形的轨道面上，运行周期为 11 小时 58 分钟。这些卫星能全天候、连续地通过卫星上原子钟发射的载波信号向地球上任何地区所有的 GPS 用户提供其三维定位信息和速度信息。地面部分与卫星保持通信联系并对卫星进行跟踪和控制，用户部分是由天线、接收单元、计算和控制部分以及电源等组成的 GPS 接收机，用于接收至少四个 GPS 卫星发射的信号并根据这些信号定位和导航。当车辆进入隧道、高大建筑群或森林以致卫星信号中断的时候，尚能依靠车速传感器、停车制动、罗盘、陀螺传感器等继续工作。

GPS 在汽车中的应用可以分成两大类，一类就是车载定位导航系统，另一类则是车辆跟踪系统。

　　单单依靠 GPS 无法完成汽车导航任务。"车载定位导航系统"除了 GPS 接收机以外，还包括实时电子地理信息系统 GIS、电子地图、控制模块、语音部分和显示部分，它将 GIS、GPS 推算定位和传感器融合技术等结合起来，实现电子地图匹配和路径优化选择。所谓电子地图匹配，就是将由 GPS 推算定位得出的汽车行驶轨迹和位置信息与电子地图中的路径或者位置实时匹配，并将匹配结果显示在屏幕上。该系统首先是可以根据 GPS 卫星信号全天候、连续地提供汽车位置信息，并通过屏幕将车的位置及其周边地区的信息显示在电子地图上；还可以根据目的地的设定，通过电子地图，自动检索出最合适的汽车行驶路线，并通过语音和屏幕演示引导驾驶员到达目的地的电子智能系统。

　　欧洲、美国和日本都已经编制完成了数字化电子地图。德国的数字化电子地图能够精确到识别人口超过 2 万的城市的每一条街道，除了街道名称以外，机场、火车站、轮船码头、市政厅、体育场以及重要的旅馆、饭店、医院、学校、教堂、剧院、风景名胜等，尽收其中。驾驶员可以输入城市和具体的街道、建筑物或地点的名称作为目的地，也可以仅仅输入城市名称。美国的电子地图装载在 7 张 CD 中，覆盖本土的全部 48 个州，售价大约 250 美元。

　　车载定位导航系统使人不会迷路，还能显示当地的

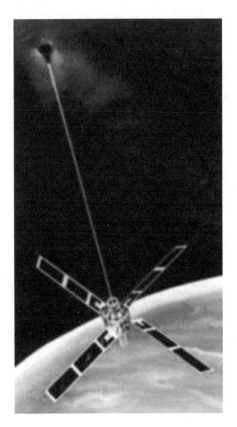

▲ 卫星系统

海拔高度，对于野外生活和旅行特别有意义。

2000 年全球车载定位导航系统销量已达 400 万台，预计到 2005 年这个数字将会达到 1 500 至 2 500 万台。2010 至 2015 年间，约会有 50% 的汽车将在出厂时就装备车载定位导航系统。

除了定位导航的基本功能以外，车载定位导航系统还可以与移动通信技术 GSM 结合起来，形成附带的辅助功能。例如，在美国由于地广人稀，所以人们关注该系统的无线电话求救功能。有的系统能够报告距离、预期将到达的时间和提示收费站收费标准、高速公路路况等，还能够提供住址、设施、电话、旅游指南等信息，甚至附近的加油站和 ATM 自动取款机都能查到。我国某公司推出的车载定位导航系统能实时地查找到附近的七类服务机构：加油站、停车场、医院、药店、修理厂、公安部门及宾馆等。系统的导航数据库还能标示出单行道、限速等道路信息。遇到堵车时能快速搜寻出新的最佳路线。

除了用作车载定位导航系统以外，GPS 还可以与无线通讯装置、报警控制装置和显示器等相结合，组成车辆跟踪系统。这种系统对于货车具有特别重要的意义，因为车队总部可以通过该系统及时、准确地得悉汽车的位置、行驶路线甚至技术状态等实时信息，必要时该系统还可以报警，扮演保安的角色。实际上，车载定位导航系统可以与车辆跟踪系统结合起来，实现资源共享。例如，比利时某公司研制出一种 E-merge 系统，尺寸与移动电话相当，安装在汽车仪表盘下部。发生车祸时，在安全气囊动作的同时，该系统利用车载定位导航系统为事故车定位，用车祸发生地点所属国家的文字编写短信，说明事故车的位置、车型、颜色和车牌号，并自动地将短信通过虚拟专用网络发送到急救机构。事故车内的乘员还可以通过与 E-merge 系统匹配的移动电话和救援人员通话。

（钱人一）

汽车黑匣子

～～～～～～～～～～～～～～～～～

　　"黑匣子"这个名字如今频频在媒体上出现，多半是在报道航空事故时用到它，大家都知道飞机上装有"黑匣子"，而现在汽车也用上了"黑匣子"。据调查，在号称"轮子上的国家"的美国，年龄在 1 岁和 33 岁之间的人群中，汽车交通事故是第一位死亡原因。美国每隔 12 分钟就有一个人死于汽车交通事故，每隔 14 秒钟就有一个人因汽车交通事故而致残。据估计，自从 1896 年第一次交通灾难以来，汽车已经在全世界夺走了大约 3 000 万人的生命，平均几乎每一分钟就有一个人死于车祸。汽车的"黑匣子"有了用武之地。

　　2003 年 7 月 16 日，美国加利福尼亚州 86 岁高龄的维勒先生驾车高速横扫一家农贸市场，酿成 10 死、63 伤的惨祸。出事后，肇事者拒绝与调查人员对话。调查人员排除了车辆机械故障、天气、疲劳、酒精或毒品影响的可能性。幸好肇事的 1992 型别克汽车已经装有黑匣子，美国国家运输安全局（NTSB）决定，让调查人员对肇事汽车的黑匣子进行分析。最后，调查人员得出结论说，肇事者错将油门踏板当作了制动踏板。法院判处肇事者承担汽车杀人罪和民事责任。此后，美国政府建议应当在所有的轿车上安装黑匣子。

所谓汽车黑匣子，学名为"汽车事件数据记录仪"（MVEDR），能够记录汽车行车过程中的各种数据，20 世纪 70 年代在欧洲率先使用。其初衷是对汽车进行监测和记录，以便日后为汽车交通事故的原因和责任分析提供科学依据。黑匣子的名称源自飞机上那个橘黄色的飞行记录数据仪。虽然两者在功能特性的类别上有共同之处，但是毕竟应用场合不同，其采集的数据、记录数据的方式、仪器的功能、仪器的构造乃至功能的扩展都有所不同。

汽车黑匣子（MVEDR）由传感器、数据采集处理卡、处理软件和显示器等组成，其中的许多传感器是与汽车或发动机上原有的传感器共享的。例如有关发动机的运行数据，都可以直接从发动机电子控制系统（即发动机管理系统）的电子控制单元调用，但是也有一些数据需要专门设置的传感器。监测和记录的数据类别五花八门，包括发动机运行数据如节气门的位置、空气流量、发动机转速等，当然也可以扩展到为故障诊断所需之其他数据，如喷油量、油耗、冷却液的温度、润滑油温度、润滑油压力、蓄电池电压等，底盘部分的运行数据如车速、加速度、油门的踏板位置、乘员数目、是否系好了安全带、安全气囊是否打开和什么时候打开等。

黑匣子可以保存正常行驶过程中以较长的时间间隔采集的各种数据。但是它可以以很短的时间间隔，例如0.1 秒钟，保存停车前的最后一段时间，20 秒钟或 100 秒钟之内采集的数据，供事故分析之用。如果在发生事故之前的几秒钟内司机没有减速，没有制动，没有系好安全带，或者安全气囊该打开而没有打开，打开黑匣子，对这些情况便一览无遗。此外，黑匣子还能以图形的方式重现汽车最后一段时间内的行驶轨迹。

现在，有的 MVEDR 是由专门的生产机构生产的，有的就是汽车厂自己生产的。据报道，美国 2004 年生产的汽车中，大约 15% 的汽车装有数据记录仪。例如，美国通用汽车公司生产的"传感和故障诊断模块"（SDM），已经安装在成千上万辆汽车上了，不过它目前只是用于对汽车交通事故的总体研究。该装置能记录处理碰撞之前最后 5 秒钟内的汽车数据，包括发动机转速、方向盘转角、是否系好了安全带以及油门踏板位置，还有碰撞力、车速、是否踩下了制动踏板、安全气囊如何打开等。

根据一些国家的经验，MVEDR 对驾车人具有震慑作用，安装之后驾车更为小心谨慎，道路交通事故率可以下降三分之一到一半。但是，一个十分重要的问题是，黑匣子的推广需要法律依据，有的车主抱怨黑匣子侵犯了他的隐私权；有人可能不愿意为黑匣子承担额外的费用。美国加利福尼亚州一项已经生效的法律要求汽车制造商告诉客户，他们的新车是否有黑匣子。在我国，汽车黑匣子已经出现在市场上，有的车上已经安装了黑匣子，相应的立法工作应尽快跟上。

近年来，出现了一种将黑匣子和全球定位系统 GPS、实时电子地理信息系统 GIS 和移动通信技术 GSM 结合起来的趋势，使黑匣子的功能从单纯的监测和记录扩展到管理领域，例如可以让货车车队的总部随时确定货车的位置；当汽车超速或驾驶员疲劳驾车时还能够用语音报警或提醒。但是，这种做法对私人轿车就未必适合，因为如前所述，黑匣子涉及个人隐私等问题，必须得到立法的支持，而 GPS、GIS 和 GSM 就没有这方面的限制。

（钱人一）

报废汽车的回收

~~~~~~~~~~~~~~~~~~~~~~~~~~~~~~~~~~~~~~

　　据报道，2001 年美国的钢铁工业从报废汽车中回收的废钢足以生产 1 500 万辆轿车，其回收率超过 100%。塑料件的回收比金属材料更方便。如果因此就认为回收报废汽车是件简单的事情，那你就大错特错了。报废汽车本身以及处理报废汽车的过程都有污染环境的可能。

　　现代汽车中光是液体就至少有 8 种，几乎都是有害有毒的。首先是燃油（分汽油、柴油或其他如甲醇等），其次是润滑油（分发动机油和变速箱油），然后是防冻液（即冷却液）、制动液、转向液、制冷液、挡风玻璃喷洗液和铅酸蓄电池中的酸液。这些液体中的任何一种进入水体或土壤都会造成严重污染。例如冷冻液，其之所以能够在冰点以下还不结冰，全仗着其中所含的有机物质乙二醇，而乙二醇是法定的污染控制物质。燃油、润滑油、制动液、转向液等都是碳氢化合物，对环境有害。制冷液中还可能含有会破坏臭氧层的氟化物。至于铅酸蓄电池中的酸液的危害作用，那更是家喻户晓的了。所有这些液态物质都要分门别类加以收集和处理。

报废汽车中的固体材料也不容易对付。就算金属材料都可以回炉，那也要把它们拆散并且分开。例如，钢铁制成的螺栓螺母之类就不能和铝混在一起回炉，因为铁原子会降低铝合金的品质。发动机机体和变速箱箱体里面的润滑油排净之后，还要用水把油污冲洗干净才能回炉，这就引出了一个污水处理的问题。座椅、内饰包括安全气囊的气囊等都是高分子化合物，很不容易降解（就是分解成分子结构简单的无害物质）。一辆汽车内的导线总长达好几千米，组成线束，分布在汽车的各个角落，它们还都连着电气插头和插座，都要将它们一一分开。导线中的金属可以回炉，导线的塑料外皮要除掉。轮胎里面的钢丝要剥离。现代汽车都是电脑控制的，休闲娱乐的电器和电子设备也越来越多，报废汽车中有许多电子垃圾，如不注意就会污染环境。汽车尾气后处理设备中有陶瓷载体，载体上还涂有贵金属催化剂，都要另类处理。至于蓄电池的铅板，更会使人中毒。报废汽车回收中可能出现的危害环境的行为还包括：露天焚烧包括润滑油在内的废弃物，滥用有机溶剂清洗金属表面，随意抛弃拆卸后的废弃物等等。所以，报废汽车回收过程中有许多新的研究课题，会产生许多新的专利技术，形成一些新兴的产业。

废轮胎回收 ▶

汽车装配线每隔几分钟就可以有一辆崭新的汽车下线，进行拆车的时候，就不是这番景象了。所拆卸的报废汽车可不会是统一的型号，也没有划一的专用工具可供使用。如果想把车拆得干净、拆得彻底、拆得环保，而不是怎么赚钱怎么拆的话，那么，拆车所要做的工作，决不会比装车更简单容易。

综上所述可见，拆车要有一定的投入，而且还要花费大量的劳动力。在国外，拆车并不是一个赚钱的买卖。如果有人告诉你，他拆车发了财，那么不用问，这是牺牲环境换来的不义之财。

既然拆车是一个赔钱的买卖，那还有谁愿意干呢？问得对啊！当然只有政府管起来啦！政府可以为拆车拨款。但是，不买私家车的纳税人就有意见了。因为政府的钱属于全体纳税人。比较合理的做法是，谁直接从汽车得利，就由谁支付拆车的费用，那就是汽车生产商、汽车进口商、汽车销售商、车主以及那些仅仅拆卸容易拆卸的车身之类零部件的汽车回收业者。所以要为报废汽车的回收立法，如果等到问题成了堆才立法，那就太迟了。这部法律不仅要规定此类企业的经营范围以及具备什么样资质的企业才能从事该行业，还要规定如何防止随意乱扔报废汽车的行为，规定从汽车交易中得利各方的责任划分，严格规定对此类行业具体的环保要求，并规定拆车经费的筹集渠道。

（钱人一）

 知识链接

汽车使用年限报废标准

1. 带拖挂的载货汽车、矿山作业专用车、微型货车及各类出租汽车使用 8 年，达到报废期后，不得延长使用。

2. 9 座（含 9 座）以下非营运载客汽车（包括轿车、含越野型）使用 15 年。达到报废标准后要求继续使用的，不需要审批，经检验合格后可延长使用年限，每年定期检验 2 次，超过 20 年的，从第 21 年起每年定期检验 4 次。

3. 轻、中、重型货车，旅游载客汽车和 9 座以上非营运载客汽车使用 10 年。达到报废标准后要求继续使用的，按审批程序办理，但可延长使用年限最长不超过 10 年。延缓报废使用的旅游载客汽车每年定期检验 4 次；延缓报废使用的 9 座以上非营运载客汽车每年定期检验 2 次，超过 15 年的，从第 16 年起每年定期检验 4 次。

4. 营运大客车的使用年限调整为 10 年，达到报废标准后要求继续使用的，按审批程序办理，延缓报废使用不超过 4 年；延长使用期间每年定期检验 4 次。

5. 轻便摩托车、摩托车的使用期为 9 年，达到报废标准后要求继续使用的，不需审批。延缓报废使用不超过 3 年，延长使用期间每年定期检验 4 次。

太阳能飞机

~~~~~~

　　迎着金灿灿的阳光，飞机轻松自在地飞翔。突然间，它像断了线的风筝，一个劲儿上升、上升，向遥远的蓝天飞去……两个多小时后，飞机越过了 2.8 万米的高度，创下了 29 410 米最新的世界纪录。

　　这就是"太阳神"无人机一次成功飞行。

　　"太阳神"是一架外形怪异、以太阳能为动力的飞机，它居然没有飞机的主体——机身，而两个翅膀（机翼）却长 75 米！超过了当今巨型客机波音 747-400 的长度。

　　为什么要这样呢？原因是，太阳能飞机的飞行速度很低：每小时才 30 多千米，与轻型摩托车的速度相近。根据飞行力学原理，飞机能飞起来，在于作用在机翼上的升力克服（平衡）了飞机的重力，其升力的大小与飞

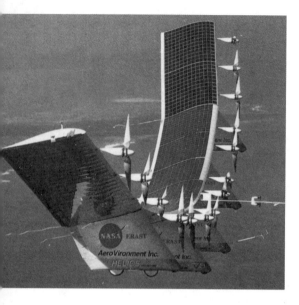

▲ 美国"太阳神"无人驾驶飞机

机的机翼面积、飞机的速度成正比。于是，所有的太阳能飞机都无一例外地采用硕大的机翼来增加升力。如此巨大的机翼上面和下面，都可以更多地敷设高达几万块的太阳能电池板，以获得更多的太阳能源。

除巨大的机翼之外，太阳能飞机还必须轻，轻得像一只特大的风筝，才能飞起来，才能携带更多的设备、仪器等。"太阳神"全身结构均由新型的碳纤维、"特夫拉"复合材料组成。这样，飞机既轻盈又柔韧：每平方米机翼面积上承受的气动负荷小到只有3千克力，但它却能抵挡住狂风暴雨的袭击，即便机翼外端上翘几米也不会折断。

翼展如此长的飞机在飞行中上下俯仰，左右拐弯以及滚转，一定会显得十分的"笨"。其实不然，飞机设计师特意在整个机翼的后缘上，巧妙地分布了72个操纵舵面。只要分别控制这些舵面上下、左右的偏转，并调动两侧多个"螺旋桨-电机"转动，就能完满地实现飞机灵活、机动的飞行。并且，一种飞机使用这么多的飞机舵面，更开创了飞机舵面的数量之"最"。

机翼下方还有多个扁平的"长箱子"，非常醒目，它们是干什么的呢？原来，"箱子"里装着飞行导航雷达、通讯设备，还有必不可少的飞行自动控制计算机等，箱底下的轮子成了飞机起降滑跑机轮。同时，长扁平的箱子还充当了飞机垂直尾翼的角色，起到稳定飞机航向的作用。

▲ 能昼夜飞行的"太阳神"

　　虽说，太阳能飞机选择在阳光明媚的日子里飞行，但太阳光也无法使它畅行无阻！它必须转换成电能，带动电机，再驱动螺旋桨转动，产生飞机前进的动力。

　　目前，太阳能飞机最大的障碍是光-电转换率低，通常为12%，"太阳神"上的12个电机采用了新型"光电导电体"，也才14%。它的每个电机重5千克，发出功率只有1.5千瓦。倘若它的功率大一些，太阳能飞机的速度也不至于那么慢，或许它的外形更像人们常见的飞机。有趣的是，这种小功率电机，在地面时的转速只有200转/分，可是到了两万多米高空，它的速度一下子就增加到了2000转/分。这是因为在高空，空气稀薄，密度非常小的缘故。

　　虽说，太阳能电池早已成为飞行在数百千米上空的航天飞机、空间站、人造卫星的主要动力，但太阳能飞机飞行的最大高度只有20～30千米，在此范围内，层层大气遮挡了来自太空强烈的光辐射，使它照在太阳能飞机上的光能远比航天器低。

另外，太阳能飞机飞行时，遇上阴天、雨天怎么办？在没有阳光的黑夜如何飞行呢？

没有阳光的照射，太阳能飞机只好"断炊"了。在所有的太阳能飞机上，都装有飞机的第二套能源——能重复充电的高效"锂离子"电池，它就是人们常见的手机上的"电源"，只是前者效率高得多，但它也难以满足太阳能飞机整夜飞行的要求。最近，美国正研制一种可以还原的"长效燃料"电池，只需飞机携带液氧、液氢存贮器，就可以源源不断、周而复始地向燃料电池输出液体燃料，从而解除没有阳光之苦。此外，即使没有动力，太阳能飞机还可以凭借它那平直狭长的大翅膀以及身居高处的位置优势滑翔飞行……

充分发挥"用之不竭"的太阳能源，借用成熟的无人机的飞行控制等高新技术，太阳能无人飞机便能长时间——几星期、几个月……飞翔在浩瀚的蓝天。它既能自动飞行，也可听令于地面指挥，执行资源勘探、环境监测、气象预报等多种任务。

（黄建国）

蓝天巨无霸——"波音747-400"

~~~~~~~~~~~~~~~~~~~~~~~~~~~~~~~~~~~

宏伟、壮丽的上海浦东国际机场，中国东方最大的空中门户。

在宽坦的机场跑道一端，一架巨型的"波音747-400"正在启动，随着发动机阵阵轰鸣，呼啸而起，直插蓝天……

这架20世纪90年代初由"波音747-300"发展而来的飞机，是当代最著名的客机之一，荣获了"载客最多"、"航程最远"几项桂冠。凡见过这个庞然大物竟能像鸟儿一般飞行的人，无不对它惊叹不已！它有3~4节火车车厢长；机身上、中、下三层足有3~4层楼高：下层为货舱，主要的中层客舱能容纳85%以上的旅客；机身宽6.1米，排10个座位，由两条长长的人行道分开。

如果说客舱是旅客休憩的空间，那么，驾驶舱则是

▲ 美 国 波 音 747-
200F 宽机身货机

飞机的"司令部"。那里荟萃了当代航空的最新技术。昔日那蛛丝网状的仪表，令人眼花缭乱的指示灯、信号灯……如今代之以六块彩色液晶电视屏幕，显得格外简洁、清新。飞行中，飞机的运动姿态、各个舵面位置、故障告警等都实现了数字一体化。大量分门别类的信息生动、形象地显现在不同的荧屏上，一目了然。于是，它有"玻璃驾驶舱"之美称。

安全恐怕是旅客最关心的问题。如此巨大的飞机却只由正副两名驾驶员来控制，令人不可思议。事实上，维系飞行安全的是一套自动飞行管理系统，名叫"FMS"。它为飞机自动导航，提供飞行的最佳路径；它拥有全球航行和机场的丰富资料，可以满足 50 小时的远航飞行。在这里最出色的还要数"飞行伴侣"——自动飞行控制系统，它的本领可与驾驶员相媲美。接通时，它就能自行操作，驾驶员无须操心。特别是那令人叹服的自动着陆能力，胜似驾驶员的机敏。不管狂风暴雨，还是雨雪交加，它都能根据机场环境、飞行状况，自动选择最佳参数，控制飞机精确、平稳、自动安全地降落，万无一失。

"波音 747-400"还以飞得远著称，它的最大航程

▲ 世界第一架宽体客机——波音 747

为 13 500 多千米。这得归功于机翼下四台巨型涡轮风扇发动机。发动机，被称之为飞机的心脏。特别为"波音 747-400"度身定制的发动机 CF6-80，涡轮直径就大到 2.28 米。推力出众之外，它的最大特色是噪音小，耗油低。"波音 747-400"的两个大翅膀（机翼）除对飞机的飞行升力做出了杰出贡献之外，还为飞机前进构筑了巨大的"粮仓"，这就为"波音 747-400"的远航打下了坚实基础。

此外，飞机设计师还独具匠心地在机翼外端增加了一对上翘的子翼，有效地改善了外侧上下气流的流动。仅此一举，就节省了 3% 的油耗，飞行距离增加 500 多千米。

"波音 747-400"以优异的性能、超群的业绩赢得了世界"研制和销售最成功的宽机身客机"的声誉。至今，它已生产了一千多架。这个纪录在单价上亿美元的大飞机中绝无仅有！

（黄建国）

超音速客机——"协和"

～～～～～～～～～～～～～～～～～～～～～～

　　"飞得更快"是飞机设计师们梦寐以求的目标。20世纪50年代，超音速战机——"米格-15"、"F-86"出现了。10年后，超过2倍音速的战斗机已比比皆是。然而，客机的速度仍在音速之下。于是，英国、法国、苏联甚至美国都想跃跃欲试，研制超音速客机。

　　1962年，英、法携手共同研制超音速客机。1969年，首架"协和"飞上蓝天，1976年正式投入航线。"协和"客机外形很美，正面看去，宛若一只展翅翱翔的雄鹰；侧面而望，细长的机身，典型的狭长三角机翼，身长62.10米，翼展25.56米，高17.4米，它没有常见的水平尾翼和机翼上的后缘襟翼，由升降副翼和垂直尾翼来控制飞行和维系飞机的稳定平衡。4台"奥林帕斯"加力涡轮喷气发动机分别位于机翼后缘。它们的巨大推力和出色的机身、机翼的外形布局，可使总重170吨、载客120名的飞机达到巡航速度2.04倍音速，最大航程6 000千米。引人注目的机头尖长而向下低垂，别具一格，它主要是为了保障飞机以大迎角

▲ "协和"号超音速飞机

30°～40°起飞、着陆时，驾驶员有良好的视野。

与所有客机相比，超音速客机并非人们想象的那样：携带的发动机功率更大，优美的气动外形赋予它更小的阻力……其实不然！超音速客机遇到的第一个问题是如何降低超高速气流与飞机表面摩擦产生的高温。超音速客机飞行在1万8千米高空，音速2.2倍时，机头和机翼前缘温度高达150 ℃以上，其他部位也在120 ℃左右。飞机在如此高的温度包围下，不仅人和设备无法忍受，甚至连机体的结构材料也难以承受。

飞机设计师巧妙利用了遍布机身、机翼14个燃油箱中的燃油：当油源源不断输往发动机时，它也被用作冷却液吸收机体的热量。另外，客舱内的新鲜空气主要来自冷却器出来的零度以下的压缩空气，这些空气与机舱排出的热空气相混合，便可达到乘客舒适的要求。再有，让大部分舱内排出的空气绕舱壁四周循

▲ "协和"号飞机在起飞和着陆时都要以相对大的速度和迎角飞行，轮胎磨损和受损情况都要比常规飞机大得多

环，既可带走一部分热量，又起到与外界热源相隔离的作用。这样，"协和"就解决了飞机座舱散热和通风的难题。

　　另一个问题是超音速飞行中气动力中心的前后移动，宛如重心一般，飞机随姿态（迎角）的不同会引起升力的增加或减少，这种变化均集中在机翼某一作用点上，此点称之为气动力中心。通常，低于音速飞行时的气动中心位于机翼前缘 1/4 处，而超音速飞行时，它将后移至 1/2 处。气动力中心的这种变化使飞机从低速飞向超音速时，机头由于低头力矩过大突然往下栽，而从超音速过渡到低速时，机头突然上仰，飞机颠簸。不仅是旅客，连飞机也会对机头这种忽高忽低感到无所适从。

　　为了解决这个问题，人们在机翼最前面的油箱和机身尾部油箱加装了输油泵，用它们来调节前后的油量，以达到平衡的作用。当飞机起飞，从低速加速到超音速时，气动中心后移。此时，输油泵把前油箱的油送到后油箱，飞机的重心后移，达到了平衡要求。反过来，着陆前，飞机从超音速减速到低速时，气动中心前移，便将后油箱的油往前输送，重心前移，飞机重新获得平衡。

此外，"协和"还圆满地解决了一般客机不曾有过的超高度飞行时的宇宙射线辐射问题，以及燃油沸腾等问题。

满心欢喜的英国人、法国人在"协和"航班飞行后不久就发现他们的超音速客机经济效益不佳：英、法航空公司每年亏损 400～500 万美元。为了体面地维持"协和"大西洋航线飞行，只能一方面靠政府经济补贴，另一方面减少飞行航班，最后只飞伦敦—纽约、巴黎—纽约少数几处。这样，"协和"无法大显身手，陷入了入不敷出的窘境。究其原因，主要是载客量少，它的标准客座为 100，最大混座 140。航程又不长，最大 7 000 千米，勉强横跨大西洋，无法飞越太平洋，从而降低了它的经济性。这些弊病的根源出在发动机上。"协和"采用 4 台涡轮喷气发动机，超音速性能虽好，但飞机在城市上空飞行，低速起飞、降落时性能较差，发动机耗油大且噪声高。由于耗油大，飞机载油多，减少了载客量，机票自然十分昂贵——从伦敦飞往纽约的票价为普通飞机机票 4 倍多。于是，"协和"被戏称为"名人和富人乘坐的飞机"。再看飞越大西洋航线上的"波音 747"，虽然时间长了一倍多，但耗油一样多，而载客量是"协和"的 3 倍。

另外，4 台发动机的噪音太大，起飞和降落时的噪音分别为 119.5 分贝和 116.7 分贝，比"波音 747"高了 12.5% 及 10.7%，这令人讨厌的噪音污染超出了美国联邦航空局的标准，加上它起飞 15 分钟后超音速飞行产生的音爆，曾遭到纽约等世界不少城市的强烈不满，都拒绝"协和"在它们的城市机场降落起飞。为此，美国也取消了购买"协和"的计划，这一切对它的形象、生存，产生了很不利的影响。

还有一个预料不到的是臭氧层问题。当初设计时，为了节省燃油，"协和"飞行的巡航行高度定在18 000～19 000米，远高于一般客机。这里虽然空气稀薄，但临近臭氧层。由于发动机尾部排出大量氮氧化物，对臭氧层破坏相当严重。这又招来了世界众多国家和组织的强烈指责。因为臭氧层宛若天然屏障，能保护地球免遭来自宇宙空间的紫外线伤害。

这一个个的问题都是由超音速飞行产生的，远比人们当初估计的复杂和严重。实际上，在20世纪60～70年代，当时的航空科学技术水平也很难解决这些问题。这就导致了超音速客机迟迟没有进展，也造成了"协和"于1979年宣告停产，总共仅生产了16架。

目前，美、英、法、日及俄罗斯都在为研制新一代超音速客机秣马厉兵，集中于攻克既有好的亚音速性能，又有优异的超音速特性的机翼层流控制新技术，以及变循环涡轮喷气发动机。这种发动机推力大，效率高，噪音低，环保性能好。

（黄建国）

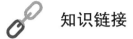

知识链接

历　史

协和原型机于 1965 年开始制造。法国组装的第一架协和 001 飞机于 1967 年 12 月 11 日出厂，1969 年 3 月协和式飞机试飞，同年 10 月 1 日进行的第 45 次试飞时突破了音障。英国组装的第一架协和 002 飞机于 1969 年 4 月首飞，1975 年底取得两国型号合格证后开始投入使用，1976 年 1 月 21 日投入商业飞行。协和式飞机于 1979 年停产，总共生产了 20 架，英法两国各生产 10 架，其中 2 架原型机、2 架预生产型和 16 架生产型。除了 2 架生产型用于试验，英国航空和法国航空各有 7 架，后来法航 1 架退役。最终协和式飞机于 2003 年全部退役。

2003 年 5 月 31 日，法航的协和客机进行了最后一次商业飞行。2003 年 10 月 24 日，英航的协和客机结束了最后一次飞行。

蓝天中的"轻骑兵"

～～～～～～～～～～～～～～～～～～～～～～～～～

　　看直升机飞行，宛如少女轻歌曼舞，多姿多彩，它时而向前，时而后退，一会儿左，一会儿右，突然，来个急停，悬挂于空中。这不禁令人生出种种遐想……直升机为何有这般高超的飞行本领？直升机没有一般飞机的两只大翅膀，可是，翅膀（机翼）可以产生飞行的升力，直升机的升力从何而来呢？

　　直升机的升力来自它头顶上几根狭长的叶片（桨叶）组成的旋翼。旋翼如同加长的螺旋桨，产生垂直向上的推力。叶片并非平板而带扭曲，尾部还有可偏转的小小舵面。当叶片高速转动时，旋翼便产生向上的升力，当升力大于飞机重力时，直升机就从地面升起。

　　直升机的弱点是速度不快，通常每小时 200～300 千米。目前，最快的直升机也才 400 千米 / 小时，这是因为它向前的推力源于旋翼。旋翼倾斜时，产生一个向前的分力，它比升力小得多。当然，旋翼的转动源于发动机，而它的倾斜全仗与旋翼轴相连的倾斜器，这是一个非常复杂的机械传动装置，它的功能像一个球形的铰链。驾驶员通过杆系控制它前后左右转动时，直升机便可实现朝前向后，左、右的飞行，还可达到绝妙的"空中悬而不动"。不过，改变旋翼倾斜中，叶片的运动速度变得十分复杂：每根叶片速度各不相同，再加上直升机上的发动机旋翼、倾斜器以及尾桨速度都不一样，于是造成了直升机飞行中的振动。

除了头顶上的旋翼外，直升机还有一个小得多的尾部旋翼，称之为尾桨，它是干什么的呢？殊不知，旋翼转动的同时，会引起周围空气的运动，这一运动形成了一个阻碍旋翼运动的反力矩。为了克服它，便有了尾桨，尾桨转动时产生的力矩就是平衡这个反力矩。若没有它，飞行中的直升机就只会原地打转转，不能前进。

事实上，产生这个平衡力矩除了采用尾桨外，不少直升机另有高招，采用两个完全相同的旋翼或置于头顶上，或横向平行，也有两纵向平行的旋翼，但有一个共同点——两个旋翼转动方向相反。这样，空气转动产生的反力矩，就能相互抵消。

人们对直升机的喜爱，大都看中它的灵巧——直升机可以"随意"起降在小小的平地上及高楼的屋顶中；在繁华都市中，直升机像蜻蜓点水，飞舞在林立的大厦之间；在偏僻的山区，在海上油井平台上，人们常常见到直升机的倩影。

最好最先进的直升机都被招至军队的旗下。大型军用直升机把大型武器、车辆、战士快速送往战场前线，或把伤员护送到大后方。闻名于世的苏联"米-26"是当代最重、载重最大的直升机，它内载或外挂重物的总重量高达20吨，货舱内可载榴弹炮、装甲车等，还能运送82名全副武装的战士和68名伞兵。与著名的美国"大力士"运输机"C-130"载量相近，实在令人惊叹！它那直径长32

米、8片叶片的旋翼也创下了世界之最。

被誉为21世纪最先进的"虎"式直升机由德、法两国共同研制。它采用了先进的复合材料的桨叶旋翼，转动时噪音低，敌方雷达很难发现。它装有两台自动调节功能的涡轮轴发动机，技术非常先进，还使用了自密封燃料箱，以防中弹或坠地时意外起火。机上配备了电子作战雷达、子弹告警接受及对敌干扰等先进的作战系统。

该机头顶的最上方有一个十分醒目的"圆桶"，它是一门 30 毫米机炮的瞄准器，机上携带 8 枚防坦克导弹，44 枚对敌攻击火箭。

现代直升机，不管效力于战争，还是广泛应用于民航，都焕发出勃勃的生机与青春的活力。

（黄建国）

"智能小鸟"——未来飞机

～～～～～～～～～～～～～～～～～～～～～～

　　自古以来，人类就非常羡慕鸟儿能在广阔的蓝天中自由自在地飞翔，它们在狂风暴雨中搏击的高超本领，也让人钦佩不已……即使在今天，飞机的速度已大大超过了鸟儿，科学家们仍在孜孜不倦地努力，追求新的目标：研制像鸟儿那样的新型飞机。

　　我们经常能在天空中看到一群群舒展双翅飞翔的大雁，一会儿排成了"人"字形，一会儿排成了"一"字形……这诗情画意的景象常常会引人驻足观望，浮想联翩：今天的飞机是不是从鸟儿演变而来的呢？

　　的确是这样！飞机大多伸展着两个大大的机翼，它们为飞机提供充足的向上升力，作用与鸟滑翔时两只翅膀一样。飞机发明家——莱特兄弟就是悉心观察、研究鸟儿的飞行后发明飞机的，不是吗？早期飞机的"翅膀"

像鸟翅膀一样，与机身垂直。后来为了适应高速、超音速飞行，才出现了像燕子滑翔时翅膀朝后、被称为"后掠"的机翼。但这些飞机模拟的都是鸟儿静态的姿势，所以它们的"翅膀"都是固定不动的。

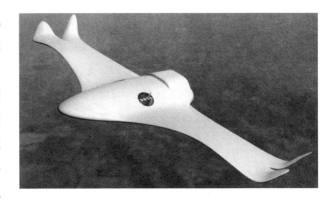

▲ 美国宇航局研制的一种"变体"概念飞机：通过应用灵敏的传感器和作动装置，可光滑持续地改变机翼形状

飞在空中的鸟儿除了滑翔，还有一个重要的飞行本领：上下拍打翅膀的扑翼飞行。

"扑"的一声，一只鸟儿拍打双翼，腾空而起，一会儿就窜上了高空……多么惊人的爆发力！目前任何飞机都无法与它比拟。它飞得又是那么灵巧！据称在漫漫长途飞行中，鸟儿消耗的能量还不及一般飞机的十分之一。

奥秘在哪里呢？其中之一是鸟儿会扑翼飞行。鸟儿拍打翅膀，时而向上，时而向下，翅膀弯曲、伸展甚至扭曲，其面积、形状发生着一系列连续变化，都以最佳的姿态适应在空气中飞行。

20世纪80年代，美国、苏联曾相继推出过变掠翼飞机——"F-14"、"B-1"和"图-20"，它们的机翼可以转变：低速飞行时，机翼伸展平直；转入快速飞行后，平直的机翼可向后收缩成"后掠翼"。如此一来，飞机飞得更快、更远、更灵活。

遗憾的是，为改变机翼的形状和面积大小，必须使用传动机构，而这些传动装置虽然设计巧妙，但太过于复杂、重量太大，抵消了它的优势。变翼飞机因此没能得到进一步推广和发展。

新材料的问世，使情况出现了新的转机！美国著名的诺斯罗普公司曾试制过一架小型战斗机，在用复合材料制作的机翼内，研究人员嵌入了一种用镍-钛材料制成的扭力管。当改变这个扭力管的温度时，机翼就会弯曲甚至扭转，升力大大增加，飞起来十分灵巧。

为什么镍-钛金属材料能创造这一奇迹？原来它有着非同寻常的特性：尽管人们可以把它弯成各种形状，但只要温度达到某一数值，它就会自动恢复到最初形状。因此，科学家把它誉为"智能记忆合金"。有趣的是，记忆合金材料是美国海军研制一种新式装备时偶然发现的。目前发现有"记忆"能力的金属全都是合金，在这些金属合金里，原子以一定的方式排列，一旦受到外力的作用，便离开自己原来的位置跑到别的地方去。而在加温时，获得一定的能量，这类金属里的原子又会回到原来的地方。因而，这类合金拥有"记忆"的天赋。

倘若将常温下坚硬的镍-钛制成机翼，在低温状态，它会变成特别适合于低速飞行的弯曲机翼；一旦飞机转入高速飞行，只需通过电源加热，提高机翼的温度，机翼即刻恢复平直，大大减少了飞行阻力。

除镍-钛记忆合金外，另一种叫压电陶瓷的新材料也在飞机制造上得到了应用。压电陶瓷有一个特异功能：压它一下，它的内部立即产生出电流和火花；再给它通上一定的电压，它就会产生力和形状的变化。于是，飞机设计师将它嵌入到复合材料的机翼中，研制出新颖的智能机翼。飞机飞行时，驾驶员只要按动电源按钮，机翼便弯曲变形起来，创造出极高的飞行效果。

近年来，美、英等国正在研制千姿百态、各式各样的微型飞机，这些"小不点"飞机的大小和重量，与真的鸟相差无几，它们可以飞行在几百米高的空中，在人们无法涉及的危险区域从事侦察军事活动，小巧的机身内藏有微小的高能电池、电动机及精巧的导航、通讯、摄像设备。

这种"鸟"真正要飞起来还有待时日。目前，从事这一研究工作的美国宇航局"蓝利"中心的一位负责人称，20 年后这种只在科幻小说中描绘的"鸟"将会展现在人们的眼前。

（黄建国）

垂直起降飞机

～～～～～～～～～～～～～～～～～～～～

　　20世纪70年代，军用飞机中突然冒出了一种神秘莫测的飞机：它可以快速、垂直起降，在空中向前、向后、往左、往右飞行，还能悬停不动，飞行速度之快、机动灵活性之高，令人惊叹不已！这就是英国的"猎兔狗"，它是世界上第一架垂直起降飞机。

　　看上去，这种飞机的外形、姿态与一般的飞机相比，几乎并没有什么区别。不过，直升机的飞行是依靠发动机带动机身上方几片长长的旋翼进行转动，由此产生了向上的升力和向前的推力。此外，直升机装有一个旋翼倾斜器，以此可以实现各种复杂的姿态转变。然而，直升机的致命弱点是速度太慢，最大时速不超过400千米。垂直起降飞机高超、灵活的本领主要来自新颖、奇特的发动机。它借用喷气飞机原理，将本来导向气流朝后的发动机尾喷口，巧妙地设计成可转动方式：当喷口转动90°朝下时，飞机在强大的喷气压力作用下，便可轻盈地腾空而起。伴随喷口转动的角度愈来愈小，飞机姿态趋于水平，最后宛如喷气飞机那样，做水平高速飞行。

"猎兔狗"仅有一台喷气发动机，位于机身轴线附近，对称分布的四个喷口可转动角度为0°～98.5°，前后各两个；在机头、机尾等处分布多个小小的吸气喷管，有利于保持飞机的姿态平衡。垂直起降飞机最大的优点是不需要机场，它可以隐蔽在战场的前沿起飞、降落，出其不意地迅速发起攻击。

"猎兔狗"经历了一代一代，不断完善更新的过程。20世纪80年代，美国麦道飞机公司和英国宇航公司联手，重新设计了"猎兔狗"机翼——一种先进的"超临界"机翼及提高飞机升力的装置，增加发动机推力，使飞机重要指标——载荷/航程增大了1倍。美国海军陆战队正式命名它为"AV-8B"。

"AV-8B"为后掠翼战斗/攻击机。翼展9.25米，机长14.12米，机高3.55米。装有一台推力转向涡扇发动机。在1991年的海湾战争中，150架"AV-8B"参加了对伊拉克的空战及对地目标轰炸，它以12架为一批，同时从不长的军舰甲板上起飞和降落，令一切舰载飞机相形见绌！尤为突出的是，它满挂各种导弹、火炮，在夜间出击，空中作战可持续3个多小时，作战半径为167千米，立下了赫赫战功，备受军方赏识。

"AV-8B"在英阿的马岛之战和海湾战争中的出色表

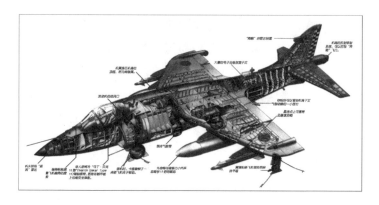

机翼省去机铁舱
活动扳，改为掀架。

机翼连杆机身舱口
活动舱，活机的尾翼。

发动机进风口

大量的电子设备置子大

"高高"的雷达装置

机尾的反潜探测
系统，以LED灯"飞
食"J。

你使好可以驶出机下不
飞机的数据记一以通过

置去运出动了喷管
后破减速。

机关领留"蓝
音"雷达

偏部的座椅
对准飞机轴向
10吨"Martin Baker Type
10弹射座椅，图象作按手掌
上的敷安全按制。

驾人座椅为"马丁·贝克
10吨"Martin Baker Type
10弹射座椅

靠近机翼,中部座椅和J-
弹性飞机J座舱。

为驾驶舱提供小汽车
段等多17齿轮的燃料

側式口位置
高装减冷翼

翼翼压飞机翼前的翼
升平翼

金属结构的飞机 ▶

现，显示了它内在的潜力，促使美军方加速研制一种更先进的超音速短距起飞、垂直降落飞机——"STOVL"，以取代行将退役的亚音速飞机"AV-8B"。

由于短距离起飞与垂直起飞相比，可以携带更多的载荷，还有飞更远的航程，并且短距离起飞的跑道在战时也容易保障，所以发展短距离垂直起降飞机（即STOVL）更具优势。20世纪90年代初，美国国防部先进研究局提出了一个与"AV-8B"截然不同的方案：确定新机为一种隐形、高度机动灵活、具有1.5倍巡航能力的战斗攻击机，总重约17~20吨，并为麦道公司、洛克希德公司分别拨出研制费，限定时间拿出各自的实体样机进行试飞，一展高低。

这种超音速"STOVL"成功应用在21世纪问世的美国轻型战斗机上。2001年已并入波音公司的"麦道"推出了"X-32"试验机，与洛克希德公司的"X-35"展开了激烈竞争。"X-32"为垂直起飞，采用了一种独特的"直接升力喷管"方案：先关闭发动机尾喷口，然后把燃气向前引至飞机重心处，再从喷管的下部排出，从而产生向上的巨大升力。"X-35"的短距离起飞、垂直降落（STOVL）有两大亮点，一是发动机尾喷口可转动九十度和轴驱动风扇，当飞机起飞时，尾喷管通过传动系统偏转垂直向下，发动机喷出的气流可产生 8 万牛顿向下推力；二是发动机前端通过一套特别的装置，使升力风扇转动，产生 8 万牛顿向下推力。这样，飞机便获得了 16 万牛顿的上升力，从而实现飞机的短距起飞，垂直降落或空中悬停。

最后，"X-35"夺标成功并定名为"F-35"战斗机，它可飞翔在 1 500 千米以外的海空巡逻、侦察，或拦截敌机。由于它的起飞距离大大缩短，可以在中小舰船的甲板上安全起降，这是一种理想的舰载飞机，担负着捍卫领海、海上领空和维护航空母舰安全的重任。

它的研制有力地促进了大推（力）重（量）比发动机的研究，也大大加快了升力装置、飞行控制、新材料等的飞速发展，人们可以借用这些技术成果开拓民用"STOVL"的广阔天地。一家飞机公司正在研制一种轻型的"星火 STOVL"，它的飞行速度和航程约是直升机的 2 倍，但成本却还不及直升机的 1/2。良好的经济性和不用机场的实用性，将为拥挤的城市交通开辟空中通道。

"STOVL"开始展现出它那迷人的前景，超音速"STOVL"也将成为未来战场上的一颗明星。

（黄建国）

高超音速飞机

～～～～～～～～～～～～～～～～～～～～～～～～～

2004 年 3 月 27 日，高超音速飞机的先行者——"X-43"，像一颗待发的人造卫星置于"飞马"火箭的顶端。不过，火箭升空时，它并不像往日所见的那样从地面垂直出发，而是挂在"B-52"巨型轰炸机的翼下飞向高空，水平朝上发射……5 秒钟后，"飞马"点火成功。接着，便出现了惊心动魄的 11 秒飞行："X-43A"的速度达到空前的 7 倍音速（时速 8 000 千米）、飞行高度 28 800 米，创造了人类飞行史上飞机速度最快的一项新纪录！

7 倍音速有多快？恐怕大多数人难以想象，它比从枪膛里射出的子弹快得多，比超音速后掠翼战斗机快上 3～5 倍！

如此之快的奇迹是怎么创造出来的呢？首先得力于

推动飞机前进的发动机，也就是新型超音速燃烧冲压发
动机。

作高超音速飞行的飞机早已出现过。1967 年，一
架"X-15"飞机曾创造了 6.72 倍音速的惊人纪录，只是
它的发动机是火箭发动机。火箭发动机能将高热值的推
进剂（燃料和氧化剂）燃烧，产生高速射流排出，因而
推力极大，可使航天器以 25 倍的音速环地球轨道飞行。
现代的高超音速飞机为何不采用火箭发动机呢？问题在
于火箭发动机需要自带助燃剂——氧化剂，像"哥伦比
亚"航天飞机的最大部件——长 47.1 米、直径 8.38 米的
贮油箱，注满液氧（氧化剂）、液氢（燃料）时，总重达
到 700 吨，自身携带的氧化剂占飞机总重的 60%～70%，
80% 将耗费在大气层飞行中。然而，偏偏大气层内丰富
的氧足够所有液氢为燃料的发动机使用，何不就地取材，
一举多得呢？

超音速燃烧冲压发动机正是吸收空气中的氧气为氧
化剂，当超音速的空气流进入发动机燃烧室时，便与液
氢混合燃烧，产生高温气体从喷管高速向后喷出，发出
巨大的反作用推力。很显然，发出相同的力，它比火箭

▼ 美国宇航局研制的
X-43 高超声研究机

发动机要轻得
多，这样就能使
飞机运载更多的
有效载荷，大大
降低了运输成
本。另外，高超

音速喷出的气流所产生的巨大推力可使飞机、航行器的飞行速度达到音速的 7 倍、10 倍甚至更高。专家们称它为当代高超音速飞行的最佳发动机。

为推出这种新型发动机，许多科学家整整奋斗了 40 年。20 世纪 60 年代初，美国开始研制一架"X-15A-2"的试验机，专门研究 8 倍音速飞行下的超音速燃烧冲压发动机技术。1964 年 6 月，在进行了首飞之后就再无声息了。20 世纪 90 年代美国提出了"组合发动机"理念，其中关键的一点就是超音速燃烧冲压发动机。

关键点到底在哪里呢？首先是点燃燃料和空气的混合气体技术难度太大：空气以超音速通过燃烧室时，因速度太快，点燃及化学反应的时间仅千分之一秒。只有精确到如此短的一瞬，才能确保燃烧在发动机内稳定进行，进而获得大的气流喷射速度。不仅是时间，还有燃料的喷射量、空气的流量都需由计算机精确控制、调节，更不能熄火。此外，飞机外形设计对保证进入发动机的空气按燃料的比例自行调节也相当重要。还有与其他发动机的匹配、协调问题。因为超音速燃烧冲压发动机只适宜 5 倍音速以上的飞行，5 倍音速以下还应由涡轮发动机及冲压发动机来提供动力。前者适应低速到 3 倍音速，后者在 3～5 倍音速时效率最高。

"X-43A"采用了"飞马"火箭发动机与超音速燃烧冲压发动机的组合，原因何在？设计意图很清楚，是要让"X-43A"专一地去进行 7 倍音速下超音速燃烧冲压发动机的试验，由"飞马"实现 7 倍音速前的飞行。如果不这样做，"X-43A"势必要装上涡轮喷气及冲压两种发动机，这样不但增大了它的体积、结构、重量，而且还存在两种发动机性能、结构的协调问题。

创造如此辉煌速度的"X-43A"，竟是一架"小不点"试验飞机，长 36 米，宽 16 米。侧面看去，宛若一块尾部上翘的冲浪板。薄薄的平直翅膀与机身连接得天衣无缝——光滑、尖细和流线型，大大减少了飞行中的大阻力。机身还巧妙地融入了发动机前的进气道、发动机后的尾喷管，使发动机性能、效率达到最佳状态，进气道和尾喷管的几何形状均能根据飞机速度变化而随之变化。这些，都是每秒运算 100 亿次的超巨型计算机的卓越贡献。原来，"X-43A"是一架精巧的无人驾驶飞机！

在超越 7 倍音速的飞行中，飞机与空气剧烈摩擦产生的高温可达 1 800 ℃。不用多久，从机体发出的火光就会如同流星一般在空中闪烁、飞泻而下，一般常见的金属材料都无法承受。为此，"X-43A"的机头采用了用作灯丝的钨材，机翼和垂尾前缘为质轻性优的碳—碳复合材料，机翼用新颖的海纳耐热合金制造。飞机外表面还覆盖了一层薄薄的耐热陶瓷瓦。

"X-43A"试飞成功，预示高超音速飞机的问世为期不远了。

（黄建国）

21 世纪的客机"巨星"——"A-380"

～～～～～～～～～～～～～～～～～～

　　20 世纪 80 年代诞生的"波音 747-400"客机,以载客多、航程远称雄于世界 20 多年。如今这一切将成为过去!与它相比,"A-380"载客更多,航程更远,技术更先进。按惯例,可达 800 个座位的"A-380"却只安排了 550 个旅客座椅。旅客身处其间,首先体验到它那豪华、舒适的现代感。飞机最大载重 560~569 吨,比"747-400"重 174 吨,航程 1.48 万千米,也比"747-400"多了 1 000 千米。

　　它能容纳如此众多的乘客,自然是来自它那宽体大截面的长机身。机长 79.8 米,最大截面直径 7.14 米,比三层楼还高。它实现了从头至尾的上下两层客舱,创下了世界之最。而波音"747-400"只从机身前部到中部有一段上客舱,69 个座位。顺应当今远程旅客的要求,

"A-380"执着追求旅客的舒适：它的座椅大而宽，前后间距也大，还有两条长长的通道；客舱艺术性的装饰、布置体现了人性化的美感。巨大而长的双层客舱内设有豪华舱、商务舱、经济舱，配有电影院、浴室、豪华酒吧、小型图书馆、娱乐室及商店，还可以上网。设施档次之高毫不逊色于五星级宾馆。

能让这一庞然大物飞起来的功臣，是巨大的机翼和威力强大的四台涡轮风扇发动机——机翼长 78.8 米，总面积高达 845 平方米。

▲ 空中客车"A-380"

飞机的气动外形经过飞机设计师们采用先进的流体动力学的优化，机身阻力减少了 2%；机翼阻力减少 10%，减少发动机短轮阻力 4.7%，从而降低了油耗。仅此，每年节省燃油 4 万多吨。

为飞机提供新型发动机的是世界最具实力的美国"通用-普惠"和英国"罗·罗"两大发动机公司。他们采用当代最顶尖的技术，精心打造出这一世界功率最大、耗油少、噪音低、排放物少的最好发动机。

该发动机的推力为 311～363 千牛，比"波音 747-400"的 258 千牛大 30%，在试验时，它的推力已

▲ A-380 驾驶舱

达到 393 千牛。无疑，它出众的性能为"A-380"的成功奠定了坚实的基础。"遄达-900"不仅推力大，而且耗油省："每位乘客/每百千米"用油不超过 3 升，比同类飞机低了 13%。为减少飞机的空重，"A-380"的尾翼、舵面，甚至承受力的中央翼前后梁都采用了轻质的碳纤维材料。遍布飞机整个外表的蒙皮，首次使用了先进的铝合金与新型碳纤维的复合材料。因此，比常规蒙布材料轻了 800 多千克。另一新举措是，采用高压力的液压系统，这样减少了导管，缩小了液压阀体的尺寸，重量少了 1 000 多千克。由于"A-380"大量采用新材料、新工艺、发动机耗油少等多种方法，最终使"A-380"空重减少到 240 吨左右，比同类飞机轻 10～15 吨，相当于多载 150 名乘客，效益十分可观。

　　"A-380"飞行时噪音很低，首先归功于它先进发动机特性。在发动机设计之初，"A-380"就确定了发动机的推力、油耗、噪音及排污指标必须做到完美统一。最后的结果表明，它的推力大于同类飞机 1/3，其余指标都比现有的飞机好。这些优势使它可以起降于世界任何繁华的大城市机场，畅通无阻地飞行在全球的远程航线上。

"A-380"的机内设备是当今世界一流的。偌大的飞机只有两名驾驶员，计算机控制系统、飞行电传操纵、发动机自动控制以及导航、通讯、环境等系统都十分先进。

一旦飞机出现故障，这么多人如何迅速安全撤离呢？"A-380"在上下客舱两侧交错设置了9个登机门、16个应急滑梯。一旦遇上险情，它可以同时让900人在90秒钟内全部撤走。

（黄建国）

21 世纪的航空明星——无人飞机

在现代战争中，如何减少、避免"天之骄子"——飞行员的牺牲呢？最好的办法是使用没有人驾驶的无人飞机。

无人飞机早在 20 世纪 60 年代就问世了，崭露头角的是无人侦察机。1964 年，美国高空无人侦察机多次潜入我国领空探测情报被击落。历次海湾战争中，无人侦察机频频穿梭在硝烟弥漫的战场，贴近地面几米、几千米飞行，获取详细的第一手资料。

20 世纪 70～80 年代，我国先后进行了几次举世瞩目的核试验。怎样去捕获飞舞中的"核粒子"，验证试验的准确性呢？有人提出由人去采集，那太危险了！后来，我国的"长空 1 号"无人飞机身先士卒，几次闯入"蘑菇云"，取得了宝贵数据，立下了赫赫战功。

▲ M-21 无人飞机

跨入 21 世纪初，我国新一代无人侦察机"M-21"成功飞上了蓝天。它长 6.1 米，高 2 米，总重 460 千克，速度为 160 千米 / 小时，机内装有先进的自动飞行系统、导航、侦察等核心设备，功能可与世界一流无人飞机相媲美。

"全球鹰"是目前最负盛名的无人侦察机。2001 年，它从美国爱德华兹空军基地出发，飞越浩瀚的太平洋，连续 23 小时，行程 1.3 万千米，抵达澳大利亚，创造了无人飞机载重最大、航程最远的世界纪录。

其貌不扬的"全球鹰"，头大、腰肥，这是缘于机头内有一直径 1.22 米的无线电圆盘天线。后机身装有一台涡轮发动机，喷出的燃气穿过双垂尾之间，遮挡了大部分红外线，机体为可吸收雷达的复合材料。"全球鹰"具有良好的隐身特征。最引人注目的是它那提供高升力的机翼，平直而狭长，翼展 35.38 米，机身仅 13.42 米。由于全机机体为轻盈的复合材料构成，又没有飞行员，故它的最大飞行重量为 12 吨，载油量高达 7 吨多。于是，它可连续飞行在 2 万米的高空，时间长达 42 小时。

它的侦察、监视能力比广为人知的"U-2"的照相与

▲ 美国 RQ-4 "全球鹰" 无人驾驶飞机

雷达侦察能力还强得多，有雷达、光电和红外三套探测系统，全天候 24 小时飞行，监视面积达 17.73 万平方米，远超出 "U-2" 侦察机。它的快速数据处理系统可在 9 分钟内把侦察的图像，通过卫星传到地面中心或送给正在执行任务的空中战机。此外，起飞、降落、飞行的自动控制系统、全球卫星定位、导航系统等也十分出色。

　　2004 年 4 月 4 日，一种专用的新型无人战斗机 "X-45A" 成功进行了首次制导导弹的投放试验，后来又完美地实现了编队飞行。

　　新型无人战斗机的不断涌现，预示未来战争的形式将产生新的变化。无人飞机将成为航空界越来越关注的一颗明星。

（黄建国）

多才多艺的轻型飞机

~~~~~~~~~~~~~~~~~~~~~~~~~~~~~~

在形形色色的飞机中，它不是顶尖的明星和冠军，它从不张扬，默默无闻地辛勤耕耘，但它技艺精湛，博采众长，有着深厚的根基。因而，它广受人们喜爱，赢得市场的一片赞扬声。

它，就是多才多艺的轻型飞机。

轻型飞机问世很早。飞机发展初期，它几乎独占天下。它的代表作有驰名天下的"DC-3"客机、货机及军用飞机。首架"DC-3"的机舱内是可以折叠的几排卧铺。旅客躺在床上，飞翔于蓝天，享受蓝天白云的轻轻吹拂，优哉游哉地飞往目的地，别有一番情趣。

以生产名牌手表享誉世界的瑞士，造出了优秀的轻型飞机——"PC"系列教练机、客机。前些年，瑞士派生公司推出"PC-12"，颇具有当今多用途飞机的风采。

由它那又平又直的长方形翅膀可知，这是一架中低速飞机。平直机翼在低速飞行时升力大，阻力小，再配上那台位于机头端部的涡轮螺旋桨发动机，可谓最佳搭档。因为该发动机在这种速度下经济性最好——推力大、耗油少。

"PC-12"的最大时速为500千米。飞行时，每小时耗油很低，才212升。机身中部的货舱内可载货1.5吨或载客15人。飞行最大高度9 150米，航程4 190米。适于中、短途的国内航线飞行。

别看它貌不惊人，它的驾驶舱内的设备、仪表却非常先进。有新型的飞行仪表显示系统、长途飞行的自动驾驶仪，它能代替或减轻驾驶员的繁重劳动。还有时尚的全球卫星定位系统（GPS）、彩色气象雷达。依仗这些现代化电子设备，全机上仅需一名飞行驾驶员。

"PC-12"具有出众的起飞、降落能力，它可以短距离滑行、降落在起伏不平的沙地上或灌木丛生的草地中。尤为突出的是，飞机处在最大重量下，它能从最大高度上关掉发动机，进行持续32分钟的滑翔飞行，距离为143千米。由于发动机噪音小，又位于机身前端，置身于客舱的乘客能感受到安静和舒适的优雅环境。

它的最大优势显现在它的多用途上。颇为独特的后机舱门的设计以及平坦的机舱地板，使它很方便地变换为几个人享用的公务机；变为安置2~3名病人、医生的空中救护机；宽大的后货舱门放下后，便是上下运卸货物的跳板，如此便成了货运飞机。"PC-12"低油耗、低

成本的特色，更适宜中、短途航线上的飞行，它也是一架出色的支线客机。

我国研制的轻型飞机"Y12"，几年来，在我国飞机出口行列中一直名列前茅。

"Y12"超群的飞行本领早已名声在外。1987年，它连续两次飞越吉林、辽宁、陕西、甘肃等省，横穿新疆塔里木盆地，飞翔在号称"天上无飞鸟，地上无生命"的塔克拉玛干大沙漠上空，历时共 4 000 小时，创造了深入沙漠 400 千米轻型飞机的世界纪录。

优异的性能，首先源于成功的设计。这种飞机长14.86 米，翼展 7.14 米，结构上采用了上单翼、整体油箱以及带斜撑杆的矩形机翼设计，安装了功率大、耗油省的涡轮螺旋桨发动机；最大载重 5 吨，能把 17 名乘客以时速 328 千米送往 1 440 千米外的地方。它具有升力大、起飞降落距离短的特色。

"Y12"首飞成功后，不断完善，1988年，已进行了

2 000 多小时的飞行试验，积累了 1 万多页的设计、试验文件。经严格审定，它成为获得英国民航局合格证的第一架中国飞机。1995 年，它引用了当代先进的发动机、雷达等设备，成为世界少有的"全天候"飞机。1996 年 3 月，最新型的"Y12V"获得最具权威的美国适航合格证。从此，世界向它敞开了胸怀。

（黄建国）

飞艇的辉煌

~~~~~~

一看飞艇的样子，就令人想起北极熊那胖乎乎、走起路来慢腾腾、笑容可掬的憨态。它似乎与一闪而过的超音速飞机无法相提并论，但是它同样是可以翱翔蓝天的飞行器。

飞艇比飞机的问世要早得多。世界第一艘载人飞艇诞生于 1852 年 9 月 24 日。这一天，法国的吉法尔驾驶飞艇从巴黎起飞，以每小时 8 千米的速度飞行了 28 千米。这一成绩也远胜过莱特飞机的首飞距离。这其中的缘由应该归于飞艇的技术和飞行比飞机容易简单得多。

20 世纪 20～30 年代，是飞艇发展的兴盛时期。美国海军的巨型飞艇"阿光伦"和"梅肯"号最早作为空中运输器远征。有一次，它的巨型飞艇内装了 5 架战斗机飞赴战场。在这段时间，飞艇常有事故发生。然而，齐柏林的"伯爵号"飞艇却创下了飞行时间9年、650航次、100次横渡大西洋、载客1 800多人、总航程160多万千米、从未出现事故的记录。1929年,"齐柏林"号飞艇载着39名乘务员与来自世界9个国家的20名旅客,从德国出发跨越欧洲东西,飞过西伯利亚抵达东京。然后,再横渡太平洋,向纽约进发。9月,经西班牙回到出发地。历时20多天完成了举世闻名的环球航行。这艘以齐柏林命名的飞艇,长236米、高34米、宽30.5米,为硬铝骨架飞艇,飞艇下部有驾驶员控制室、导航室,还有豪华餐厅和5间华丽舒适的卧室。无论从飞艇的规模,还是创下的非凡业绩,都是历史上最大、最著名的飞艇。

可是,飞艇本身也有不足,它那巨大的充气气囊是敌人最易攻击的目标。第一次世界大战中,英国制造了200多艘飞艇用于反潜、侦察、巡逻,其中很大部分被德国飞机击毁。此外,它那庞大的身躯飞行时迎风面大,阻力大,遇上3~4级风时,就很难驾驭。即使低空低速飞行也难以控制,因而事故频频。更突出的是,早期飞艇大多填充氢气。氢气的最大弱点是容易着火。由于氢气着火而引起的飞艇被烧毁事故,从它诞生起一直延续了几十年。最严重的一次是1937年5月9日,德国著名的"兴登堡"飞艇飞往美国,降落在西州新泽赫斯特湖航空港时,突然着火燃烧造成36人罹难,震惊了整个世界。

这次惨案不仅断送了"兴登堡"飞艇,也使世界民航界做出了决定：今后禁止氢气飞艇的飞行。从此，繁忙的世界航线上，失去了飞艇的身影。虽然后来发展了比较安全的充氦气飞艇，这种飞艇不仅价格昂贵，同时氦气渗透力很强，常常造成气体外泄，也不安全。

▲ 德国齐伯林飞艇公司生产的"天舟600"充氦客运飞艇

现代飞艇借助高新技术的魔力，重新崛起。近十年来，俄罗斯、美、德、英、中和荷兰等国都在研制新型飞艇。英国计划在未来启用一种可载客 100 人的民用客艇。德国前不久问世的飞艇可将重 100～450 吨、长度 25 米、直径超过 4 米的大型设备和货物，运到 8 000 千米外的目的地。

然而，飞艇还会重现昔日的光彩吗？

（黄建国）

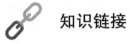

知识链接

欧美科学家新研制的高空飞艇

　　欧洲和美国的科学家已经宣布共同研制一种升限可达 20 千米的高空飞艇，这一区域对于飞机来说实在是太高了，但是对于那些卫星来说又太低了。对于欧美航空界的巨头们来说，最终目标是要让新型飞艇取代现有的卫星系统。因为与卫星相比，新型飞艇的好处显而易见，它可以重复使用。人们通过遥控能回收飞艇，从而再对这些飞艇进行检修，然后放飞它再让它去执行新的任务。飞艇在天上停留的时间绝不亚于人造卫星。这些飞艇可以作为地面通信的中继站，并可能在未来服务于地面的移动通信业务。它们还能远远地漂浮在一些人口稠密地区的上空，作为发送广播的有效空间工具。除此之外，这些飞艇能担负地球勘探、勘测以及天文研究等重任，还可以监测天气及环境的变化，甚至用于报告交通路况。

怪模怪样的"白鲸"

~~~~~~~~~~~~~~~~~~~~~~~~

您见过这种怪异别样的飞机吗（见下图）？恐怕没有吧！为什么会这样呢？其实，飞机飞得快，飞得远，它的气动外形是非常讲究的：不仅能产生足够大的升力，而且飞行阻力要小。我们常见的飞机不论机身、机翼，还是尾翼，其大小、形状、布局，都是先把飞机模型放在风洞中试验，经过多次筛选得出来的精品。像波音客机、安-225运输机及各式各样的战斗机。

看这架绰号为"白鲸"的飞机，胖乎乎的，肥胖得不正常：机头突然一下大起来，根本无圆滑、尖细的感觉。它的鼻子也长得很不顺眼——位置太靠下方又显得短小。人们看见它，就会联想起海豚、鲸鱼来，送它一个"白鲸"外号，真是名副其实！

殊不知，它却有着不寻常的经历。它的主人是大名

"白鲸"飞机 ▶

鼎鼎的欧洲"空中客车"公司，该公司由法、德、英、西班牙、荷兰共同组建，研制了"A-300"、"A-320"、"A-330"、"A-340"系列客机。

十多年前，"空客"从美国买下了四架货机——"超古比"，专职将散布各地的飞机大部件空运到法、德国总装，不仅保障了装配的高质量，而且速度快、效率高。

然而，随着"空客"新研制的客机部件越来越大，"超古比"难以胜任了，而且它已老得快退休了。

谁来接班呢？

"空客"的飞机设计师想出了一个新招：选取颇具潜力的"A300-600R"作为母机，利用它的机翼、发动机、尾翼及机内设备，再扩大它的机身截面，构筑成一个又大又长的直通大货舱。另外，将"超古比"那独特高大的机头搬过来拼到一起，怪模怪样的"白鲸"便应运而生了。

拼凑出来的飞机能飞起来，达到预期的设想吗？设计初期，设计师为它制作了1∶9.5的模型，置于风洞中进行吹风试验，测试它的气动性能和飞行稳定性，还进行了地面停机时抗侧风能力的试验，结果相当不错。后来，"白鲸"制造出来了，又进行了全机的静力试验、飞行试验。1994年，它成功地首次飞上蓝天。

首飞并不意味大功告成，还需要有极重要而艰难的适航取证。自这架飞机设计到首飞就一直有铁面无私的法官——适航当局进行直接监控和审查，长达5年多，直至正式定型。

别看它那么丑，因为有"A300-600R"及"超古比"厚实的根底，研制"白鲸"少走了许多弯路，减少了飞机研制中的种种技术风险，加快了研制进度，大大降低了成本，真是一举数得。

投入使用后的"白鲸"出手不凡，它创造了货运飞机的几个世界之最：它的机身最大截面直径7.7米，是现今飞机最大的；货舱容积1 520立方米，也是世界最大的。广为人知的世界最大客机——"波音747-400"，其客舱容积只有925立方米，美国最大的军用运输机"C-5A"上、下两个货舱容积之和才1 212.4立方米。世界最大最重的运输机"安-225"总重600吨，客舱容积也只有1 210立方米。

"白鲸"是专为装运飞机特大部件度身定制的货机，

因而在运送飞机大部件中，优势非常明显。它一次能吞下长 60 多米、20 多米宽的"A330"、"A340"的 2 个大翅膀；能分别运载"A330"、"A340"尺寸最大的宽体中机身；一次可载"CH-53"重型直升机 2 架或 5 架"BO-105"直升机，还能将欧洲大型运载火箭"阿里亚娜"最大最重的第一级，从总装基地空运到航天发射场。

"白鲸"虽然满足了"空中客车"飞机大型部件运输要求，但它的怪模样还是对气动性能带来了不利影响——从飞行距离来说，A300-600R 的航程达 6 000 多千米，而"白鲸"的航程却要短得多，通常 1 700 千米，最远 2 400 千米。

（黄建国）

空中"大力士"——"安-225"

~~~~~~~~~~~~~~~~~~~~~~~~~~~~~~~~~~~~~

在炮火隆隆的战场上，正急需将大型武器、坦克、导弹运往前线；在突发的洪水泛滥、地震突发的时刻，需要将大批救援物资以最快的速度送往灾区。用什么方法，什么样的交通设备？

最好的运载工具是大型运输机。

为争夺全球军事、政治的霸主地位，美国和苏联在 20 世纪 70~80 年代先后造出了巨型军用运输机——"C-5A"和"安-124"。说来很有趣，这两种飞机的外形非常相像，宛如同胞兄弟——它们的机翼高悬丁机身的顶端，构成了一个直通通的大货舱；向上翘起的机尾活动舱门，放下时，就是一个装卸、空投货物的跳板；整个机头竟可以向着上方折起来，有 20 多米高，像一个张开的令人惊讶的大口，能吞下整架直升机，坦克、卡

▲ 苏联"安 -225"运输机

车可以从这里进进出出，畅行无阻。相比而言，"安 -124"更胜一筹。1985 年，它载重 171.2 吨飞到了 10 750 米高度，超过"C-5A"，创下了高度和载重的世界纪录。2001 年，震惊世界的美国侦察机"EP-3E"因偷窃我国情报被"歼八"战斗机拦截，迫降在我国的海南机场。后来，美国政府只好雇用"安 -124"，将这架 60 多吨重、拆卸成几大块的飞机运回美国。

"安 -124"以优异的飞行性能和蕴含的潜在实力而著称。它投入航线不久，俄罗斯飞机设计师就以它为基础，机身截面、货舱大小不变，将机身加长至 84 米，后掠机翼放大到伸展长度为 88.4 米，成功地研制出目前世界上最大、最重的运输机——"安 -225"。

巨大的"安 -225"可载油 250 吨，载货 250 吨，总重 600 吨，比目前世界最大的客机——"波音 747-400"还重 200 吨，为名副其实的空中"大力士"。

轻盈的小鸟能自由自在地飞翔，笨重的鸵鸟则怎么也飞不起来。如此的庞然大物飞上蓝天，靠的是什么？首先必须使它产生巨大的升力。为此，"安 -225"拥有目前世界最大的机翼面积。单升力大还不够，必须飞行阻力小，才能减少油耗，携带更多的货物。前苏联在空气动力学研究领域取得的辉煌成果，赋予了它非常优异的飞机外形。

制造这么大的飞机遇到的困难更大——作用在 88 米长机翼上的巨大气动载荷（力），必须由前后两根机翼大梁来承担。仅锻造它，就需要世界最大的几十万吨重的水压机；大尺寸的机身承力框架、50 多米长的纵向构件（长桁）以及整体密封壁板的加工都需要在高精密的大型数控机床上进行。

它的发动机总推力也是大得惊人。"安 -225"并没有新研制发动机，而是借用了"安 -124"的发动机，数量增加至 6 台。

重型飞机最棘手的，还有起落架的设计和制造问题。飞机停于地面，在跑道上加速起飞，降落时撞击地面的一瞬间，产生的动能和热量对飞机的安全都是至关重要的。为支持 600 多吨的重量及巨大的动量冲击，"安 -225"独具匠心地使用了 12 根、近半米粗的特大支柱，每根支柱前后各有一个机轮，全机总共 28 个轮子。每根支柱之大，承受力之多，以及布局的新颖、独到，均堪称世界之最。

正是这完美的起落架设计，使这架世界最重的飞机在起飞、降落时，滑跑距离很短，并能在简单的土跑道上起降。这是一个非常了不起的奇迹！

（黄建国）

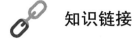 知识链接

构　造

　　"安-225"的货舱形状非常平整,整个货舱全长43.51米,最大宽度6.68米,货舱底板宽度6.40米,最大高度4.39米。为了方便巨大货物进出,"安-225"与大部分大型货机一样,采用机首可以上掀打开的"掀罩式"机首,并把驾驶舱设在主甲板上方的二楼处,在货舱内还装设了起重机。不过与"安-124"不同的是,"安-225"的机尾处没有可以打开兼作卸货坡道用的尾门。"安-225"一共需要6名机组人员来操作,在驾驶舱后方有一个小型的客舱,可以乘坐60至70名乘客。不过以"安-225"的巨大机舱容积,如果转用作为客机,初步估计它可以同时容纳1 500到2 000名乘客。

空中汽车

〜〜〜〜〜〜〜〜〜〜〜〜〜〜〜〜〜〜〜〜〜

清晨，微风吹拂，空气清新。车在高速公路上飞驰，速度超过每小时 120 千米……可是在繁华的都市里，车水马龙的街道上，一辆辆小轿车鱼贯般行驶，速度约 40～50 千米。突然，前面出事了，车拥挤着，摆起了长长的"龙门阵"。性急的、赶路的司机们焦急起来，叹息道："要是车能飞起来，越过去多好！"

"能飞的汽车"真的出现啦！

人们通常将能飞的汽车叫作"空中汽车"，它既能在地面上行驶，又能在空中飞行。据称，人类第一架飞机问世后，就有许多发明家钻研起这种既能跑，又能飞的"两栖"飞机来。他们中的不少"作品"是在汽车上插一对平直的翅膀。在地面行驶时，翅膀可以折起来。有的空中汽车真的飞了起来，但都没有投入使用。

▲ "空中汽车" M400

2001 年，美国的莫勒驾驶他潜心研究的"M400"空中汽车轻松自如地奔驰着，顷刻，飞上了蓝天。他的这一创举被专家们誉为"汽车演变的里程碑"。

这架"M400"飞机外形更像一辆新颖别致的小汽车。前端左右两个发动机舱酷似飞机发动机，后面也有相似的两个，中间是一个大透明的驾驶舱。置于舱内，人的视野辽阔，心旷神怡。另外，尾部有飞机常见的双垂尾和高高的平尾，十分引人注目，它的功能是维系飞行中机身纵向稳定和平衡。唯独不像飞机的是，它竟没有机翼。机翼为飞机产生升力，贡献最大。这个没有翅膀的"M400"如何飞起来呢？

直升机也没有机翼，它能垂直起降和飞行，靠的是头顶上几片狭长的桨叶形旋翼。"M400"头上没有旋翼，依仗的是它有可转动的发动机及专门提供升力的风扇。

其实，这两种动力的巧妙组合是当代最受宠的垂直起降飞机的核心，它的代表作有英国的"猎兔狗"和即将问世的"F-35"战斗机的舰载型。莫勒是一位力学和空气动力学教授，30 多年来，他一心一意扑在"空中汽车"上，顽强拼搏，锲而不舍。此前，他成功研制出能垂直起降、平移和盘旋的小型无人飞行器。后来，他将成果与专长倾注在"M400"上，给空中汽车注入了生机，终于使"M400"腾空而起。

一旦汽车重量、乘员增加时，风扇的升力会显得力不从心。此时，前后4个发动机向上倾斜45度，便可提供约一半的升力。相比"猎兔狗"，"M400"更胜一筹：前者因风扇不能偏转，发动机需转动90度，相对效率不高、占用空间大、运动控制复杂；"M400"却不然，它在发动机转动45度时，位于发动机舱内的风扇顺气流再转45度，两个45度的组合便可以产生垂直向上的升力。升力为两个力的合力，于是，空中汽车便轻盈飞起。在空中飞行时，即使风扇不转，仅靠发动机的向上升力和向前推力，汽车宛如飞机一般水平飞行；在地面行驶时，倾斜的发动机回到水平位置，只需部分发动机的牵引就足以使汽车飞速向前。

即便插上翅膀的汽车飞起来了，但在地面跑动时，它也会左右摇摆，阻力很大。"M400"的高明之处在于两种动力的巧妙组合，然而并不是什么样的发动机、风扇都能做到这点。

"M400"风扇的另一独特之处是，它位于发动机的气流通道中，被保护起来，不会造成对人或其他部件的损害。同时，它空间利用率高，噪音小。发动机是"M400"成功的另一关键，它是一种特殊的内燃机。常规的活塞式发动机，活塞上下往返运动，完成进气、压缩、做功和排气的四大过程。"M400"发动机内没有活塞，而是一个三角形转子，三角形转子旋转时，同样完成上述四个过程，但它可以大大减少能耗，机器的振动和噪音小。因而，它效率高，体积、重量小，功率大。

它有 8 台发动机，分布在 4 个发动机舱内，每个舱内 2 台，还有 2 台风扇。同时工作时，推力非常大。正常工作（飞行）时，只需 4 台就足够了，余下的 4 台仅作备用。如此众多的发动机、风扇，既要管空中飞行、垂直起飞、降落，还要管地面行驶，动作非常复杂、程序错综交织，驾驶员如何操作呢？若由人控制它，肯定难以胜任。该机内有 2 台飞行计算机、20 个微处理器，所有的动作全部电子操作自动化。驾驶员仅仅操作电键，轻松自如。

为什么要两台计算机呢？主要是为了安全，采用了双保险。不论发动机、风扇、计算机，还有雷达、通信、导航全部采用双余度技术。即使发动机失效，机上还有两个降落伞备用，把危险降到了最低点。

▼ "空中汽车" M400
起飞模拟飞行图

"M400" 试用 2 年多来，它最高飞行时速超过了 600 多千米，比直升机快 2 倍。它可载 4 人，飞行的最大高度 9 000 米，航程 1 500 千米。遇上风雨交加，它也能畅行无阻，夜晚也照样飞行。它的飞行本领毫不逊色于普通的飞机。

据称，"M400"目前的价格是每架50万美元。随着需求增多，生产数量加大，价格还会大大降低。2005年，它的年产量为10万架，单价约20万美元，距一辆高级小轿车相差不远。

尽管"空中汽车"的大量使用会受到空中区域管制等诸多法规的限制，但它出色的本领和发展前景却非常迷人。

（黄建国）

人类最早的飞行器

～～～～～～～～～～～～～～～～～～～～

色彩艳丽的热气球，凭借它轻于空气的魅力，悬于空中，随风飘荡，舞动它那迷人的风姿，叫人心旷神怡。置身于气球下那根根绳系的吊篮中的人，亲吻蓝天中浮动的彩云，鸟瞰美丽如画的连绵群山，绿油油的田野，散落有致的村庄，真是别有一番情趣。如今，乘着热气球升空已成了神州大地不少景点、观光旅游的一道亮丽的风景线。

然而，又有多少人知道热气球的辉煌过去呢？与有百年历史的飞机相比，热气球早出现 120 多年。1783 年，法国人蒙哥尔费兄弟乘坐热气球上升到 1 000 米高度，历时 25 分钟，开创了人类首次的空中飞行。当年那个载人的热气球，外表由纸和亚麻布糊制而成，直径 10 米。上升前，人们在地面燃烧起了潮湿的草和羊毛，所产生的热烟吹向球内，气球便冉冉升起。当热空气散失后，人与气球又落回地面。

中国人发明了一种"松脂灯"，比这种气球还早了800年。它的骨架是由竹篾所扎成，四周再糊上薄纸。当托盘上的松脂燃烧时，灯便轻轻扶摇直上。它被公认为世界上最早的热气球雏形。

如今的热气球，气囊（球）下方一个小小的开口处，装有加热的喷灯。热的空气朝上流向气囊，气球因浮力大于重力便向上飞去。

与飞艇不同，气球没有专门的动力装置，它的向前飞行，只能任凭风的摆布，或气流的冲击。可以想象：高悬于气球吊篮中的人有多么危险，常常会遭遇飓风的袭击、死神的追赶……多少人为此断送了生命，但它又极富刺激和挑战。

每年的12月，雪花飞舞，寒风瑟瑟。万物还在休眠中，仿佛地球也放慢了脚步。可是，地球的南极却是阳光普照的夏日，日复一日的白昼，太阳永远高挂枝头，黑夜远去。

茫茫无际的冰川上，正忙碌着特意赶来的科学家们。

▲ 绚丽多彩的热气球

他们又精心准备了一年，赶在这个时节放飞他们巨大的科学试验气球，去实现他们探索宇宙射线奥秘的梦想。

2001 年的隆冬，科学家又汇集在这里。这次，他们要把载有"虎"的探测器搭乘在气球上，飞到 30 多千米的大气顶层，去捕获最远方的"来客"。这"客人"来自连光线也要走上几亿年的无人知晓的银河系中的某处。倘若"虎"能探测到宇宙射线中的核粒子，对于人类研究宇宙的起源，宇宙、太阳和地球的关系将是一次重大的发现。科学家们认为这是一项意义非凡的科学试验，为此持续进行了 90 多年。

为迎接远方的"稀客"，选在人烟稀少、冰天雪地的地方是因为南极上空的地球磁场形状非常奇特，它能吸引更多的"核粒子"到达这里的大气层顶端，数量之多大大超过位于赤道顶部的粒子数。

此外，南极是放飞气球的最佳地方。这里的夏季 24 小时阳光普照，这么好的阳光、温度给"虎"探测器注入了太阳能源。同时，也给了放飞气球大量的热能。

这次气球升空并不顺利，先是遇上了一场暴风雪的袭击。等到雪停下来，第一项工作就是放飞一个能探测 38 千米高风速的小"探路者"气球。待正式气球升空时，这个近 2 吨重、高强度、聚乙烯塑料的气球，充了满满一卡车的液态氦。气球的总体积达到 82 立方米，它鼓足了气，轻轻飘向宁静、蔚蓝色的天空。几小时后，它飞到了 39 320 米的高度，超过了预定目标。

随着气球越飞越高，那里的大气密度也越来越小，气球的浮力是气球体积与大气密度的乘积。若气球浮力小了，气球不就掉下来了吗？其实不然！因为气球上升时体积不断增大，飞到3万多米高空时，氦气可使气球的体积扩大200多倍，直径达122米。此时的气球宛如地面上冒出来的一只巨大的煤气包。

气球随风飘荡，绕了南极上空两周，共花了30多天，创造了气球连续飞行时间最长的世界纪录。整个飞行进行得很顺利，唯独遗憾的是这次获得的宇宙射线的成果并不大。下一年，科学家还将到这里放气球，继续探索宇宙射线的奥秘。

（黄建国）

没有车船的货物运输——管道运输

在中国流传着一则家喻户晓的民间故事，这个民间故事最后演绎成了一句谚语："一个和尚挑水喝；两个和尚抬水喝；三个和尚没水喝。"这本来是用来比喻人懒惰的危害性，讽刺人们遇到要出力气的公共事物时，就互相推诿的坏现象。但从另一个角度，反映出要喝水就必须付出劳动，而且是周而复始，甚至是每天要做的事情。"劳动创造世界"是条真理，但如何节省体力，提高劳动效率也是无可非议的。和尚要想既不挑水，又不抬水，还要有水喝，就要开动脑筋，把山上的泉水直接引到寺庙里来，让泉水川流不息，随时可以饮用。他们应把漫山遍野的毛竹砍一些下来，把中间掏空，然后将一根竹竿的大小两头，与其他竹竿的两头，以大头套小头的方式，连接起来，一端接在山泉源头，另一端通到庙里的大水缸。这样，缸里便永远盛满清澈的泉水。这就是用管道运输代替人力、畜力或车辆进行运输最原始的表现。管道运输大概就是这样起源的。

根据历史的记载，将管道运输真正用于生产的是我国。早在公元前 3 世纪，中国人就连接竹子用于输送卤水。但真正大规模地应用，成为一种重要的运输方式，应该是在 19 世纪中叶。由于石油和天然气开采量的增加，管道运输得以大发展。如今，管道运输与铁路运输、公路运输、水路运输和航空运输一起，并列为五大主要运输方式。

管道可以运输液体、气体这类可以流动的物质，人们可以理解。家庭中的自来水、管道煤气、天然气就是由水管、煤气管通到每家每户的。至于管道还可以运送固体，人们就难以理解了。随着现代科学技术的发展，应用管道运送固体物质已成为现实。

管道运输是需要动力作用的。从山上用竹竿引来泉水，是因为水源的位置比寺庙的地势来得高，"水往低处流"，是依靠水本身的重力流过来的。如果水源比用水的地方地势低，水就流不过来。要解决这个问题，就要通过水泵等设备，依靠外力来将水送上高处。由此可见，流体在管道中的运输也是需要加入外力来确保其流动的，光是依靠重力恐怕还不行。尤其像石油，本身就有一定的黏度，在管道中更是需要每隔一定距离设立增压站，促使石油向前方流动。为了降低油类的黏度，还要通过加热的方法促使其流动。

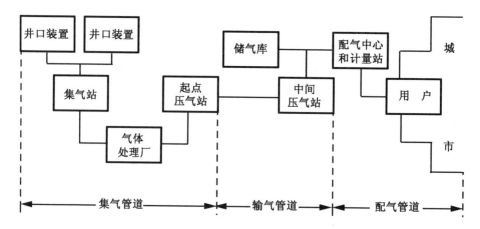

天然气管道运输系统由管道输气站子系统和管路子系统两大部分组成。整个输气管道系统也可以按其用途再分为集气管道、输气管道和配气管道三种。

集气管道：通过气田的井口装置，把地层中未经处理的天然气，经集气站集中到气体处理站或者起点压气站。由于气田有压力，集气管道的压强为100千克／平方厘米。

输气管道：从气体处理厂或者起点压气站到各大城市的配气中心或储气库的管道。气体依靠气源的压力和中间加压站加压输送，输气管道的压强为70～80千克／平方厘米，管道可长达数千千米。

配气管道：从城市的配气中心到用户的管道。

2004年竣工的从新疆塔里木油气田到上海青浦区白鹤镇的天然气输送管道就是上述中的一种管道，它长达4 000千米，沿线经过10个省、市、自治区，是一项巨大的管道运输工程。由于固体本身难以流动，所以一般的做法是将固体破碎成为粉粒状，与适量的液体配制成浆液，利用管道进行长距离运送。这种管道称为固体料浆管道，简称固体管道。目前被运送的固体物质主要有煤、铁矿石和石灰石等矿物。如果短距离运送，输送动力依靠重力，而固体料浆管道是用增压设备为输送浆液提供压力能，这样做，运距远，输量大。帮助固体输送的液体一般是水，也有用甲醇等其他液体的。此外，也可以用压缩空气作为载体进行的所谓"风送管道"。固体料浆管道运送的过程是制浆、管道输送和固液分离。国际上较有名的固体料浆管道是 1970 年在美国建成的管道，全长 439 千米，管径为 457 毫米，年运煤 500 万吨。

（钱平雷）

从货运到物流

　　人类在生存与发展过程中，物质基础是最重要的。有人甚至片面过激地认为人的一生忙忙碌碌就是为了获取更多的物质享受——这当然不对，但是也反映出"人"与"物"之间的紧密关系——物为人生，人伴物行，人物共存。

　　交通运输业则是最能反映人与物紧密关系的行业之一——完成人和物的位移，因而就分为旅客运输（简称客运）与货物运输（简称货运）两大块。由于客运的服务对象是有思想有能力的人，要求快速安全、方便、舒适，因此运输企业更多地要提供满足要求的场所（如车站、港口等）、工具（如车、船、飞机等）、服务（如检售票、候车、途中服务等），供旅客自由选择。货运则因为货物是"死"的，且品种繁多、去向分散、批量不一，运输企业组织工作变得更为复杂多变，除了同样要达到快速、安全、方便之外，更重要的是还要做到准时、低价。

货物运输过程主要是由货主提出托运要求，运输企业与之签订承运合同，然后装货、制货运单据、结算运费、运输货物，最后到达目的地卸货、交付货物。

随着社会经济的快速发展，新的生产经营模式与现代管理制度的不断创新完善，以及大批信息化、自动化高新技术产品的诞生与运用，单纯的货运虽然仍然承担着从微观到宏观的社会责任，但已难以满足更高的要求。于是，物流（或叫现代物流）逐渐成为大家关注的话题，成为社会发展的热点，成为全新演绎的新概念。

物流，顾名思义不就是"物的流动"吗，与货运又有什么区别呢？其实，最早的物流概念是指生产企业在销售产品过程中不再简单地将产品集中运输到目的地销售商的手里，而是通过合理的组织把产品配送到零售商或消费者手中。虽然配送与运输表面看似相同，但前者已经从生产企业只注重计划生产，逐步转变到后者注重市场需求与市场服务，已经开始重视市场信息对生产的引导作用。因此，物流的最早英文单词是 distribution。

二战时期，美军在后勤供应服务中，根据前方战场的需求，将生产、储存、运输、配送等功能环节有机地组合在一个系统中，力求准时高效地满足前方需要，又不至于造成物资的浪费与错误送达，从而形成了一套较为完善的理论与技术体系，并在战后被生产制造业企业广泛学习运用。于是，就出现了现在广泛使用的物流英文单词是"Logistics（后勤）"，而不是"Distribution"（配送）的有趣现象。

由此看来，物流是根据企业生产与销售需求，在实物从供应方向需求方的流动过程中，将运输、存储、分拣、加工、配送等功能组合起来，并同时完成信息处理与服务，从而满足客户的需求。

货运到底是怎么变成物流的呢？简单而言，就是从传统的单一物流服务（运输）模式变成了现代物流服务模式，即：

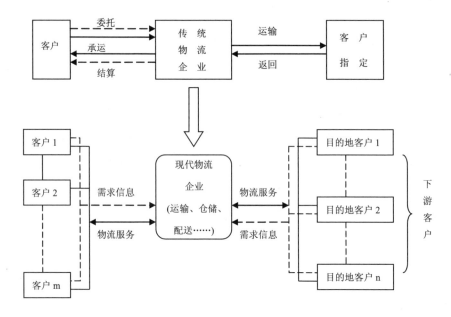

很明显，框图的上部分表现了传统物流在运输方面的特征，传统物流企业（货运公司）与上游客户（委托

方）和下游客户（目的地客户）仅仅是 1 对 1 和另一个 1 对 1 的单一选择关系。这样，很可能会导致车辆满载率较低，空驶率较高（如我国公路货运卡车的满载率仅有 70% 左右，空驶率高达 35% 以上），从而使得企业运输费用上升，即产品生产成本上升。货运企业则因选择余地较小，难以获得较高的运输收入，只能微利运行。

第二个框图表现了一个现代物流企业运作模式，其核心是由于有了信息系统的支持，可以形成物流企业与上下游客户间的 m∶1∶n 的多方案选择体系，从而使物流企业可以尽可能地做到满载无空驶，在获取较高的运输收入和优质服务的同时，提供客户较优惠的运价——降低生产成本，找到大家常挂在嘴边的"第三个利润源泉"，达到系统所有参与者多赢、共赢的局面。此外，物流企业还可以通过加工、存储、分拣、配送等服务功能获取新的利润，达到更高的服务水平，赢得更多的客户。

纵观物流系统的所有功能环节，运输仍然是最主要的——即使像欧美日这些物流发展很先进的国家，运输过程耗费的时间与成本仍占物流总时间与总费用的 50% 以上。

物流在市场经济发达的国家，完全是生产企业顺应市场需要而采纳发展完善的一种现代化经营管理模式的表现。经过几十年的磨合优化，已经进入供应链管理环境下的物流，认为物流是供应链流程的一部分，是有效计划、执行、控制商品的储存和流动，以及将服务和相关信息从原产地送到消费地的过程，来满足用户的需要——这是美国物流管理协会 1998 年发布的对物流的定义。

看来物流与货运的差异已经越来越大了，因为供应链指的是从原材料到商品的形成过程中，所有供应商与需求方之间的纵横交叉的网络系统，供应链管理更强调战略合作、资源优化、高效低耗，更注重信息化一体化，因此也就更需要能力更强的综合型多功能全程服务的物流供应商。货运企业有可能只能充当为这些物流供应商提供运输服务的二级供应商——可想而知，其地位与收益可能会受到多大的影响。

现在，我们可以清楚地看到，货运是物流发展的基础，是现代物流的重要功能环节；而物流则是货运的延伸与扩展，是货运提升发展的趋势与方向。因此，货运虽然永远不会消失，但更多的货运企业将会变为现代物流企业。

（孙有望）

 知识链接

电子商务物流

电子商务物流又称网上物流，就是基于互联网技术，旨在创造性地推动物流行业发展的新商业模式；通过互

联网，物流公司能够被更大范围内的货主客户主动找到，能够在全国乃至世界范围内拓展业务；贸易公司和工厂能够更加快捷地找到性价比最适合的物流公司；网上物流致力把世界范围内最大数量的有物流需求的货主企业和提供物流服务的物流公司都吸引到一起，提供中立、诚信、自由的网上物流交易市场，帮助物流供需双方高效达成交易。目前已经有越来越多的客户通过网上物流交易市场找到了客户，找到了合作伙伴，找到了海外代理。网上物流提供的最大价值，就是更多的机会。

现代物流的新式武器

現代物流与传统物流除了观念与认识方面有着较大差异之外，最大的区别在于现代物流顺应社会经济与科学技术发展，充分运用了大量的新式武器——高新技术成果，从而能够达到以高效率、低成本创造客户满意的服务水平。

讲到现代物流的新式武器，首先要谈的是信息化技术，正因为有了计算机和互联网（Internet）技术，才能使物流供需双方的信息得到及时广泛的交流与传输，从而完成了从传统物流向现代物流的转变过程。

光有信息化技术还远远不能满足现代物流的要求，还需要"飞毛腿"、"神行太保"、"超级大力士"、"长臂猿"等新式武器，才能做到物流作业的快速高效准确，才能达到以较低的成本完成最好的服务。

"飞毛腿"当然是指运输工具的快速化表现。如今，众多高附加值、高时效性的物品已经选择航空货运；高速公路与高性能的卡车和配送车辆，使得道路运输的速度也达到了高速水平；铁路也在不断地提高货物列车的运行速度，降低车站作业停留时间。因此，物流的运输环节速度提高已经成为大趋势。此外，小范围的搬运、装卸速度也在不断提高。

最能形象表达"飞毛腿"和"神行太保"的就是快递物流，洲际国际快递用航空，城际省际快递用高速公路或

▲ 立体货架

高速铁路（高速列车的行包托运），城内市内快递用小型汽车或摩托车，真是"千里江陵一日送"！

至于"超级大力士"那就更多了，第六代超巴拿马型集装箱海轮竟然能装 8 000～10 000 个标准集装箱！一列货物列车的装载量也可达到 1 万吨！连卡车的装货量也从普遍的 6 吨提高到了 10～20 吨——因为装得越多，运输的成本越低。但由此也引出了组织货源、集疏货物的问题。于是，信息技术又有了用武之地！

▲ 分拣装置

　　有了"多拉快跑"的运输先进技术支持，其他方面也有新式武器：为配合超大型海轮快速装卸，码头边耸立起一排排集装箱装卸桥——每隔几十秒就可以装卸一个箱子！竖立的一座座门吊、塔吊、桥吊则解决了大型散、杂货物的快速装卸问题。

　　在仓库里，涌现出了各种"长短新式武器"，立体自动化高架仓库更是众多新式武器的集成。

　　首先，立体自动化高架仓库的货架可以高达15米、20米甚至更高，大大地增加了储货的能力，降低了占地面积。

　　其次，从仓库收货处到货架再到仓库发货处，还需搬运与移动货物。在自动化高架仓库里，采用两种方法。第一种是采用自动传送分拣装置，按货物品种分别送达每个货架的集货台，或从集货台上取走该发出去的货物。当然，货物的条形码或电子标签是它能够准确分拣的基础。这与邮政转运中心的信件、包裹分拣装置的工作原理是一样的，只是邮件不需堆垛到那么高的货架上，只

需放在规定的容器里就行了。

　　另一种方法是采用自动导引小车（AGV）。这是一种无人驾驶的"小精灵"，车上的自动驾驶装置依靠地面设置的引导系统，指挥小车沿着规定的路线将货物送达指定的地点，能够做到无声无息快速准确地搬运传送物品，从来不会因为拐弯而碰擦到货架，或互相之间撞车。

　　随着现代物流的不断发展，更多新式武器还会不断出现在我们眼前。

（孙有望）

综合运输系统

～～～～～～～～～～～～～～～～～～～～～～～～～～～

当人类从原始社会进入奴隶社会，就产生了剩余产品，就有了"以物换物"的交易行为，也就有了物品运输的需求——当然是由人来手提肩扛完成。此后，随着社会的发展，人们迎来了铁路运输、高速公路运输、水路运输、航空运输、管道运输等运输形式。当这些运输方式经过一番激烈艰苦的竞争搏杀之后，人们发现其实每一种运输方式都存在优势与短处，都有合理的市场份额和定位，更应该互相协作取长补短，构成一个资源配置更为科学合理、运输效率更高、运输成本更低、运输效果更好的优化体系——现代综合运输系统。

现代综合运输牵涉的运输方式往往比较多，运输的距离和时间比较长，运输过程中的环节比较多，参与运输的企业与人员多而且关系复杂。

因此，必须有较先进的理念与理论指导与支持，还需有较强的信息化系统支持。同时，还要有良好的市场规范环境保障。这方面比较成功的运作模式要算联运、多式联运和现代物流。

联运是同一种运输方式与工具之间、不同运输企业之间的联合运输，比如海海、陆陆、空空等之间的"接力"运输。

多式联运是两种或两种以上不同运输方式与工具，在不同运输企业之间的联合运输，比如铁海（水）、公铁、空（运）公、海（水）公（路）等。多式联运与一般的不同运输方式之间的衔接运输（即联运）不同，是在货物的启运地完成全程运输的委托、承运、结算等手续，并在运输过程中不再多次倒装，达到一次托运、一次付费、一次保险、一票到达——凭一张运输单据即可完成全部手续的效果。

多式联运在国际货物运输中充分发挥了运输时间短、费用省、货物损耗与差错少、运输质量高的优势——国际多式联运成为当今国际货物运输广泛采用的最佳方式。

国际多式联运是指基于国际集装箱为运输单元的多种运输方式"一票到达"的国际货物运输。在国际多式联运中，国际集装箱作为基础运输单元，作用不可小视，正因为有了国际集装箱这一新型的标准化集装化运输工具，才有可能实现前述的众多多式联运的优势。难怪在当今国际货物运输发展过程中，轮船、飞机、卡车、铁路货车等运输工具，以及装卸搬运设备等，都是围绕国际集装箱在做文章。例如海运货船出现了大批清一色的集装箱专用船，并已经发展到第五、第六代超巴拿马型，承载箱数已达 8 000～10 000 标准箱；公路上出现了越来越多的"集卡"——集装箱专用卡车；铁路货车也出现了能装载两层集装箱的专用集装箱货车。

国际多式联运的发展还开辟了全球性货运新通道——大陆桥，此桥并非我们一般概念中的桥梁，它是把陆上的铁路或公路作为沟通这块陆地两边海洋运输通道的比喻称呼，也就是通过海洋运输航线与大陆运输通道（铁路或公路为主）的有效衔接，构筑了以大陆为"桥梁"的"海—铁、公—海"或"铁、公—海—铁、公"组合的国际多式联运系统。大陆桥是一个跨国跨洲的世界性通道，解决了单一海洋运输绕道多、速度慢、可靠性差等弱点，提高了物流效率，创造了新的国际物流模式。如欧亚大陆桥—西伯利亚大陆桥，东起俄罗斯纳霍德卡和东方港，穿越西伯利亚，西至莫斯科；跨越欧亚两大洲，连接远东地区、太平洋航线与欧洲大陆、大西洋航线，是世界上至今为止最长的大陆桥运输线，是"海—铁、公—海"的典型模式。

大陆桥为"桥"这个名词增添了更宽泛更大气的解释——世界上有哪座桥能像大陆桥那样长、那样大、那样复杂、那样重要呢？

（孙有望）

知识链接

发展综合运输体系的意义

　　发展综合运输体系是当代运输发展的新趋势、新方向。当代运输的发展，出现了两大趋势：一是随着世界新技术革命的发展，交通运输广泛采用新技术，实现运输工具和运输设备的现代化，一是随着运输方式的多样化，运输过程的统一化，各种运输方式朝着分工协作、协调配合的方向发展，在世界范围内，把这两种趋势结合起来，成为当代运输业发展的新方向。

　　发展综合运输体系是我国运输发展的新模式。我国传统工业和交通运输管理基本上是以条条为主的，各种运输方式的横向联系欠缺。由此往往造成该建设的项目没有及时建设，而不该建设的反而建成，造成浪费。运输业的建设从单一的、孤立的发展模式向综合的、协调的模式转变，无疑会给我国经济建设带来良好效果。发展综合运输体系可增强有效运输生产力，缓解交通运输紧张的状况。交通运输是一个大系统，各种运输方式、各条运输路线、各个运输环节如果出现不协调，都不能充分发挥有效的运输生产力。多年来，我国交通运输出现的不平衡状况，如有些线路压力过大，而有些线路运力得不到充分发挥；有些运输方式严重超负荷，而有些运输方式又不能充分发挥作用等，采取综合运输体系将有效地改变这一不协调、不平衡状况。